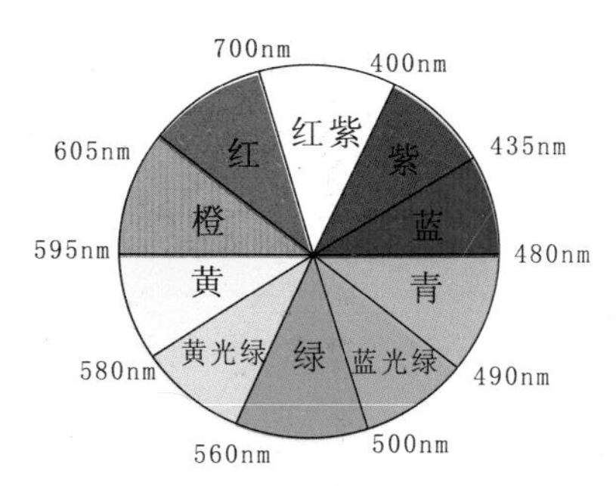


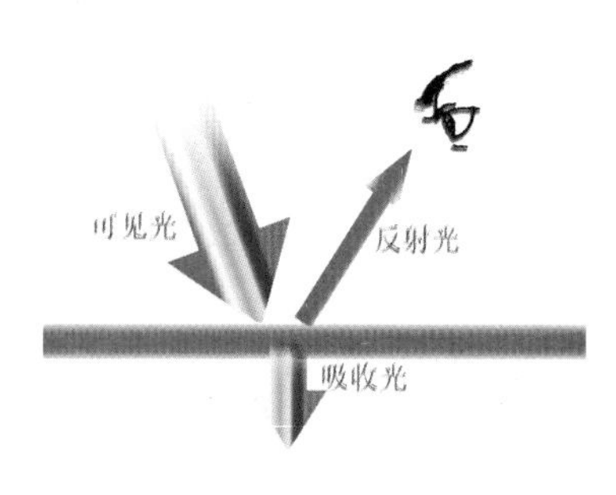


图1-31　可见光波长分布及色光原理

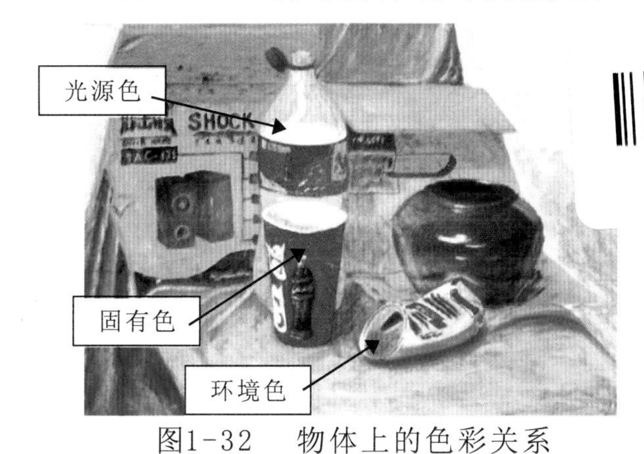




图1-32　物体上的色彩关系

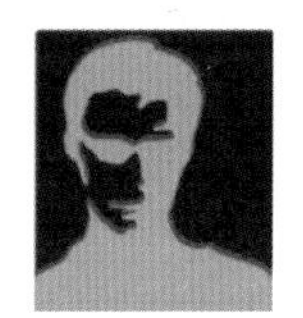

图1-33　不同的色相与色相环

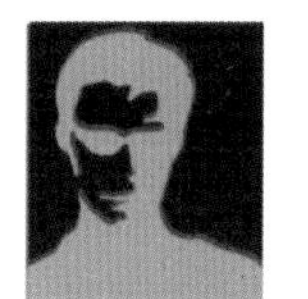

图1-35　不同的色彩纯度

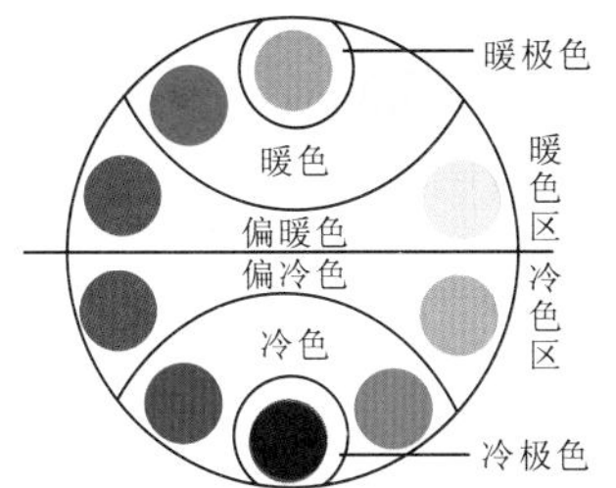


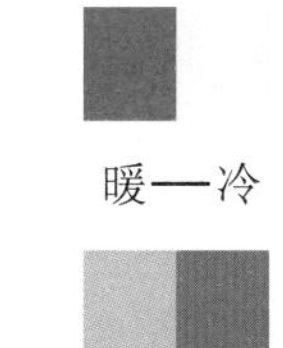


图1-36　色彩的冷暖

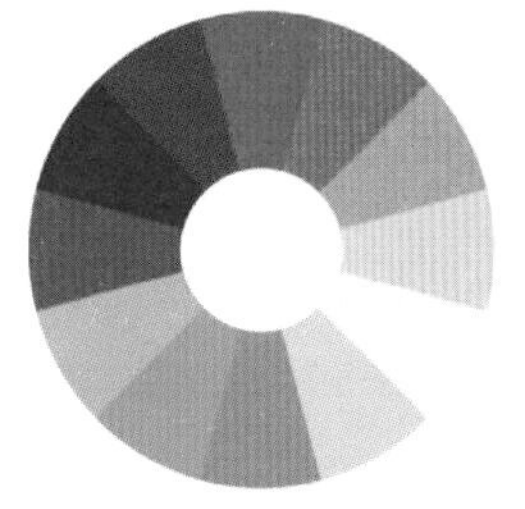
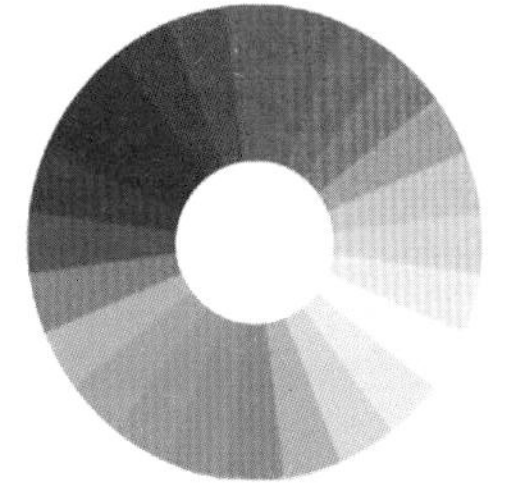

图1-37　12色相环与24色相环

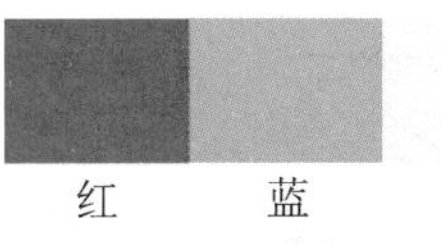


二次色

三次色

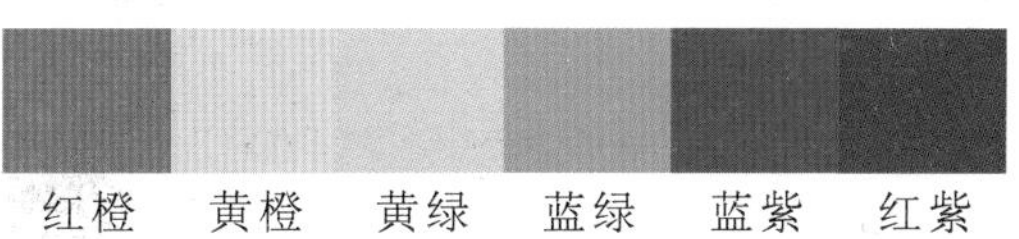


图1-38　原色、二次色和三次色

图1-49　手绘效果图

图1-50　计算机效果图

图1-51　马克笔＋色粉效果图

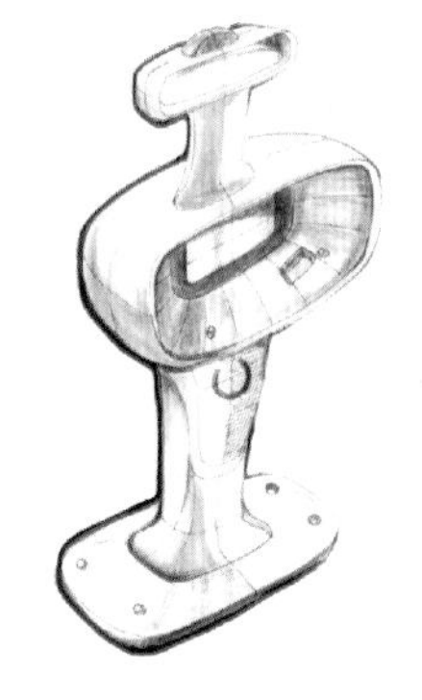

图1-52　彩色铅笔效果图

图1-53　喷绘效果图

图1-54　淡彩效果图

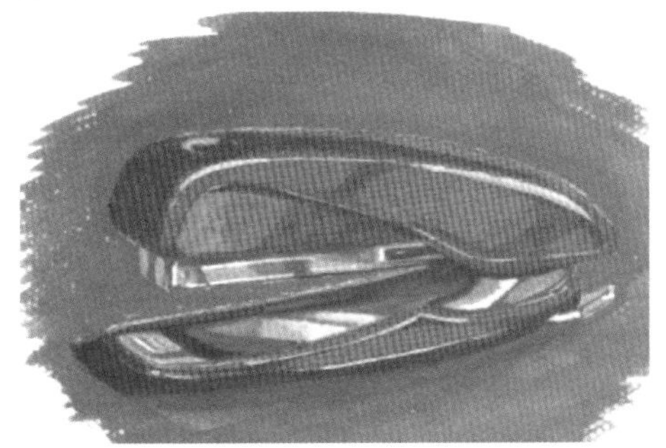
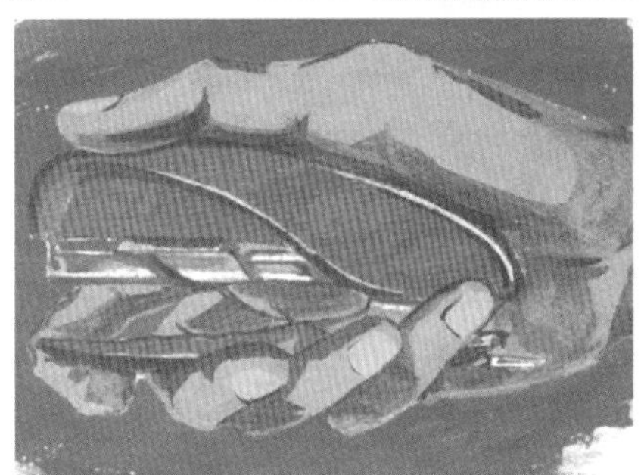

图1-55　水粉效果图

图1-56　卡纸底色高光效果图

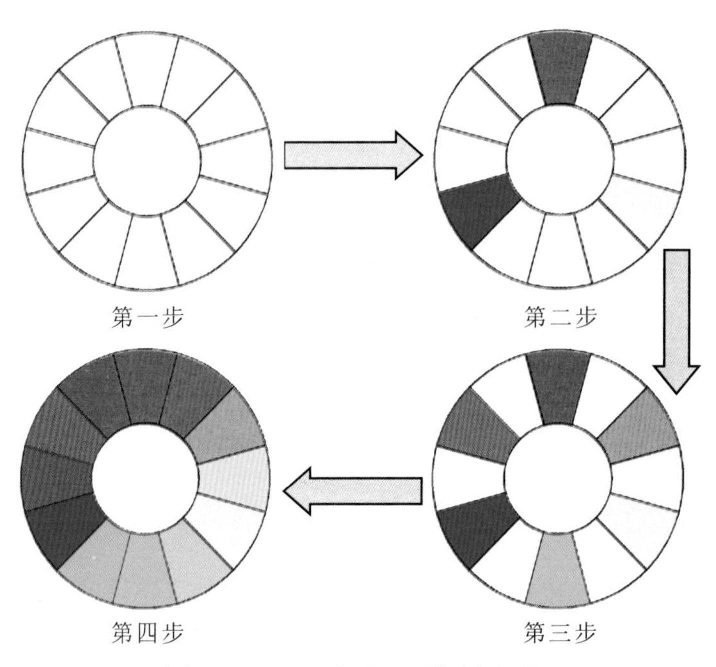


图1-85　12色相环绘制步骤

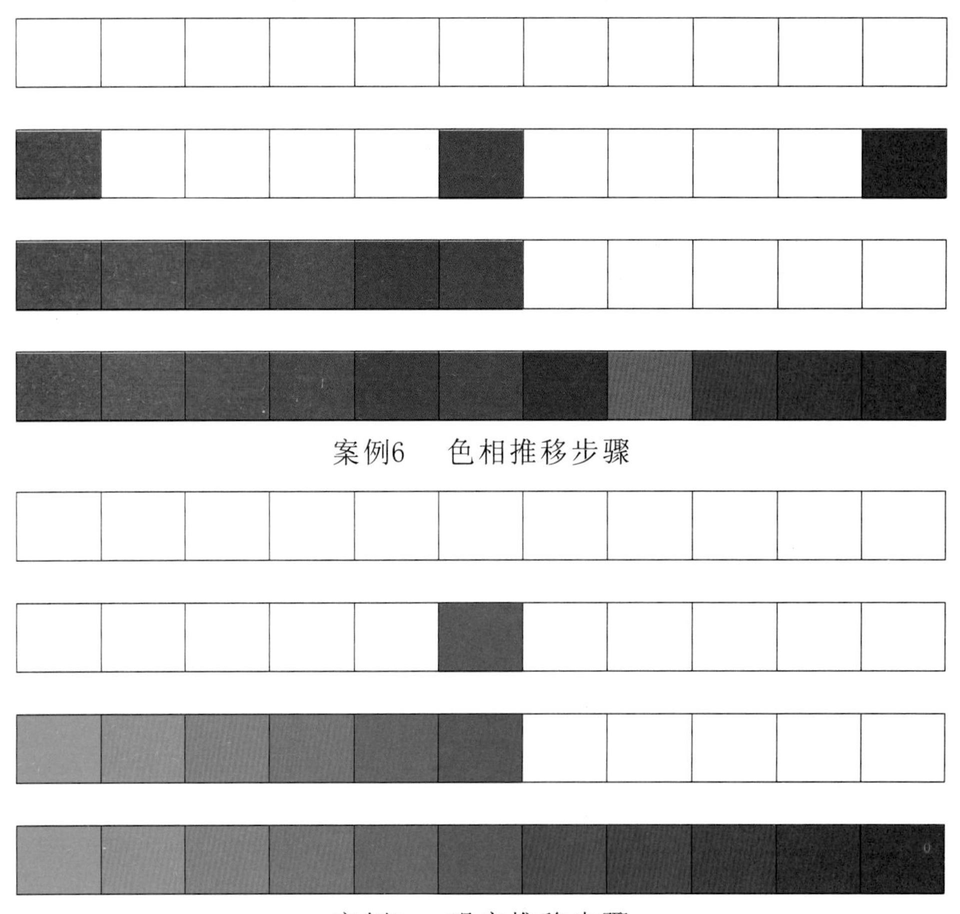

案例6　色相推移步骤

案例7　明度推移步骤

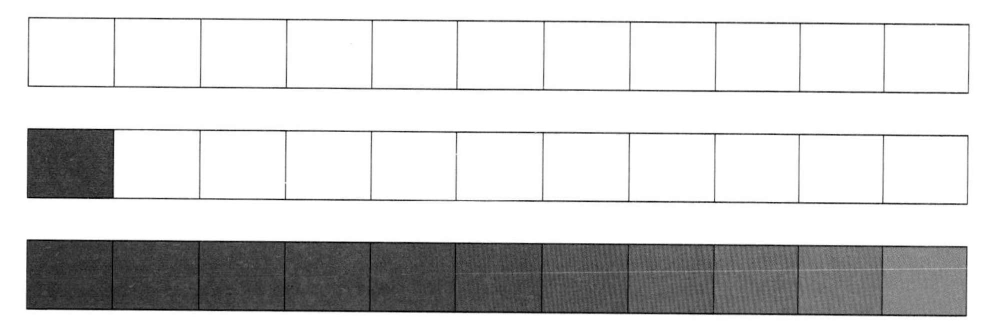

案例8 纯度推移步骤

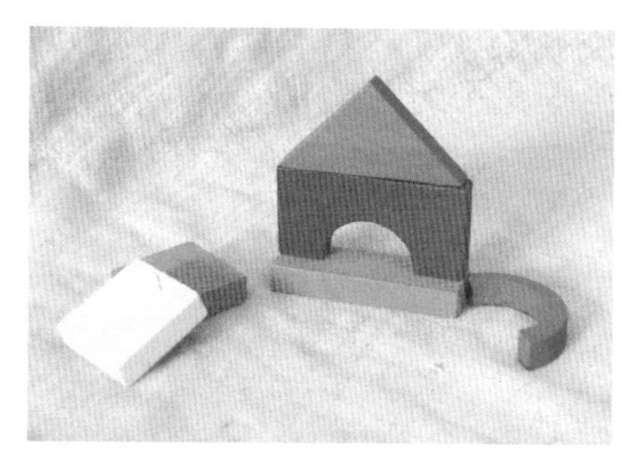

图1-86　静物水粉

图1-87

图1-88

图1-89

图1-90

图1-91　马克笔+色粉效果图

图1-92

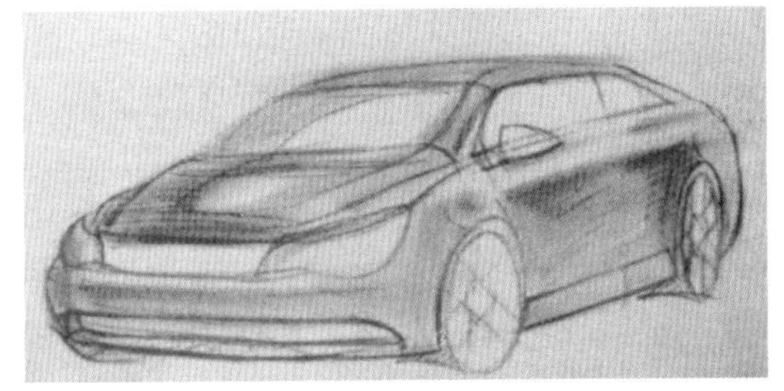

图1-93

图1-94

图1-95

图1-96

图1-97

图1-98

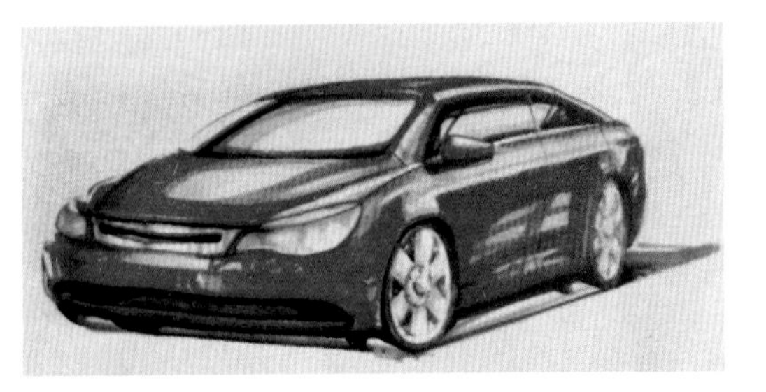

图1-99

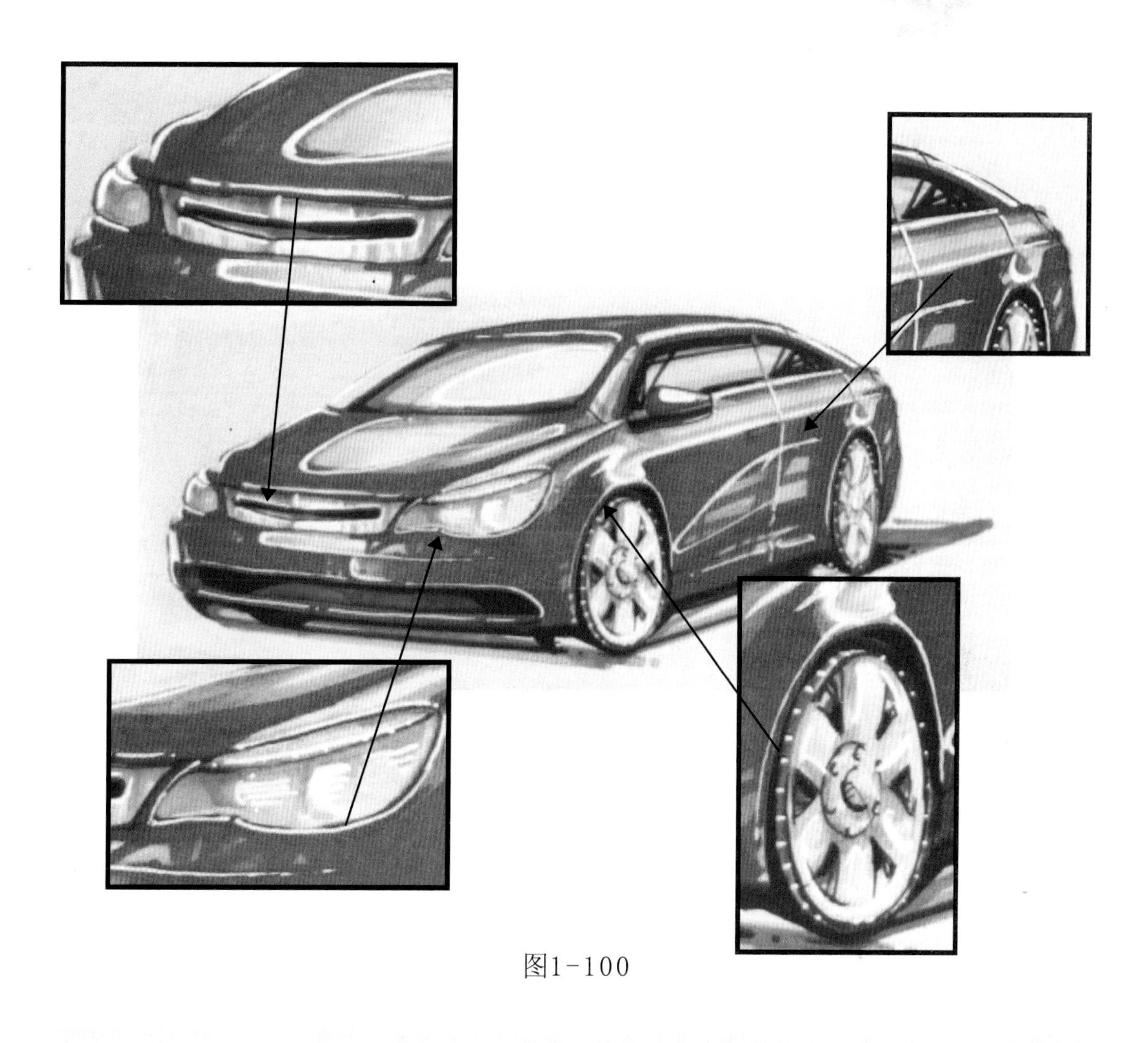

图1-100

图1-101

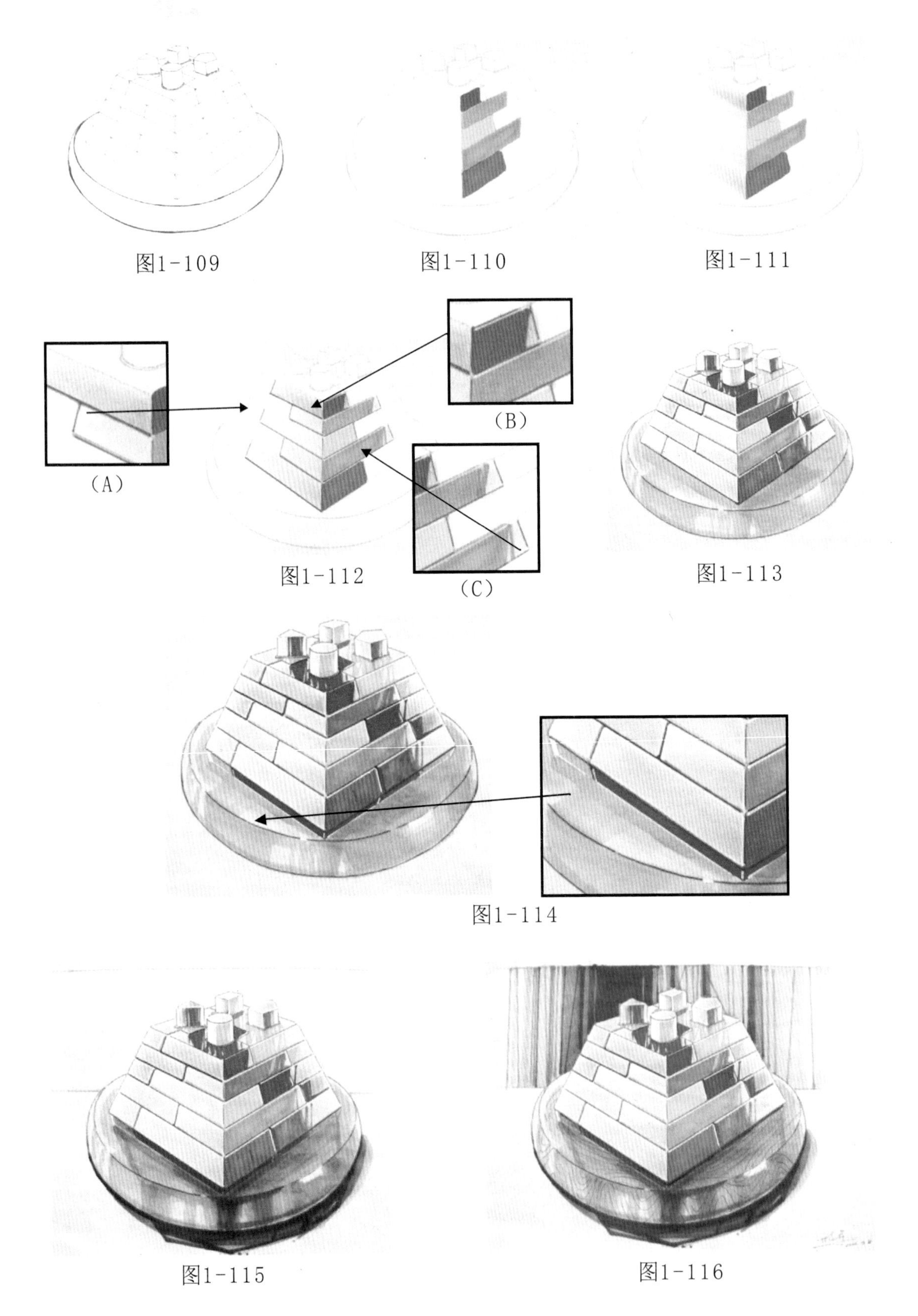

图1-109 图1-110 图1-111

图1-112 图1-113

图1-114

图1-115 图1-116

学习情境 1 马克笔效果图参考图例

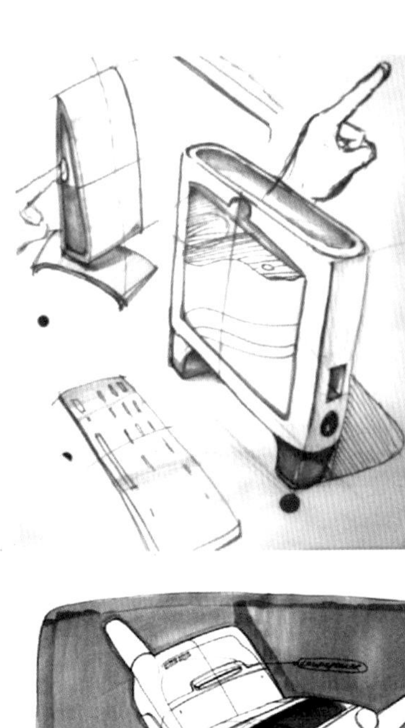

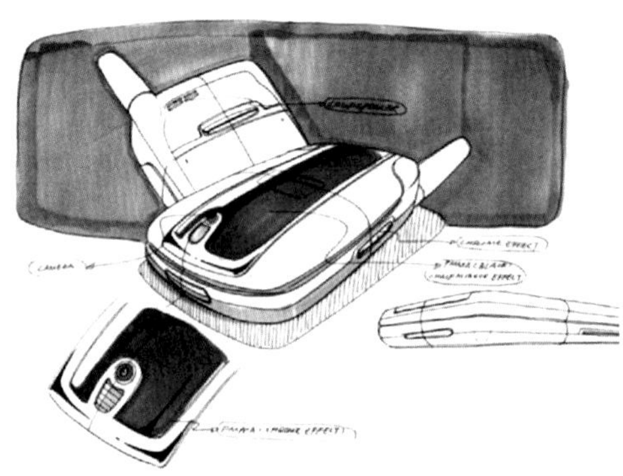

色彩情感表

| 色彩 | | 象征意义 | 抽象联想 | 运用效果 |
| --- | --- | --- | --- | --- |
| 红 | | 自由、血、火、胜利 | 兴奋、热烈、激情、喜庆、高贵、紧张、奋进 | 刺激、兴奋、强烈煽动效果 |
| 橙 | | 阳光、火、美食 | 愉快、激情、活跃、热情、精神、活泼、甜美 | 活泼、愉快、有朝气 |
| 黄 | | 阳光、黄金、收获 | 光明、希望、愉悦、阳光、明朗、动感、欢快 | 华丽、富丽堂皇 |
| 绿 | | 和平、春天、年轻 | 舒适、和平、新鲜、青春、希望、安宁、温和 | 友善、舒适 |
| 蓝 | | 天空、海洋、信念 | 清爽、开朗、理智、沉静、深远、忧郁、寂寞 | 冷静、智慧、开阔 |
| 紫 | | 忏悔、女性 | 高贵、神秘、豪华、思念、悲哀、温柔、女性 | 神秘感、女性化 |
| 白 | | 贞洁、光明 | 洁净、明朗、清晰、透明、纯真、虚无、简洁 | 纯洁、清爽 |
| 灰 | | 质朴、阴天 | 沉着、平易、暧昧、内向、消极、失望、忧郁 | 普通、平易 |
| 黑 | | 夜、高雅、死亡 | 深沉、庄重、成熟、稳定、坚定、压抑、悲感 | 气魄、高贵、男性化 |

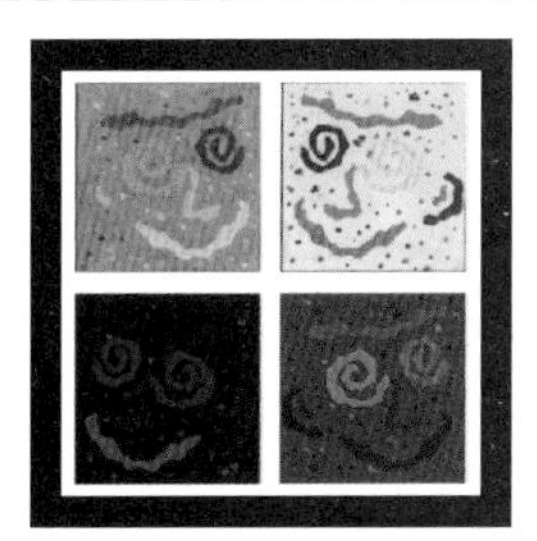

图2-7 喜、怒、哀、乐

图2-8 春、夏、秋、冬

图2-9 软、硬、轻、重

图2-10 大都市的一天

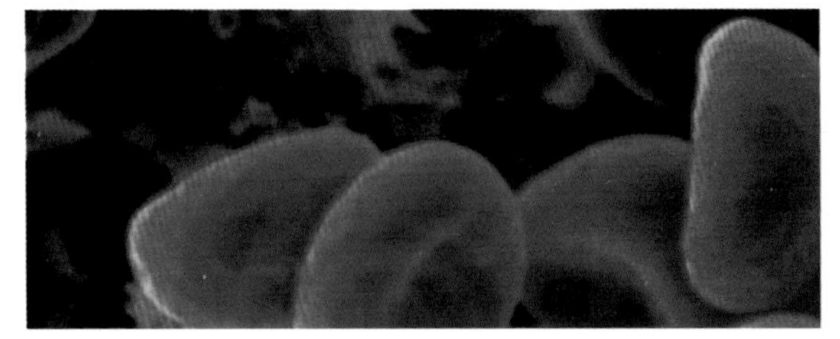

图2-11　红色与红色玩具

图2-12　橙色与橙色玩具

图2-13　黄色与黄色玩具

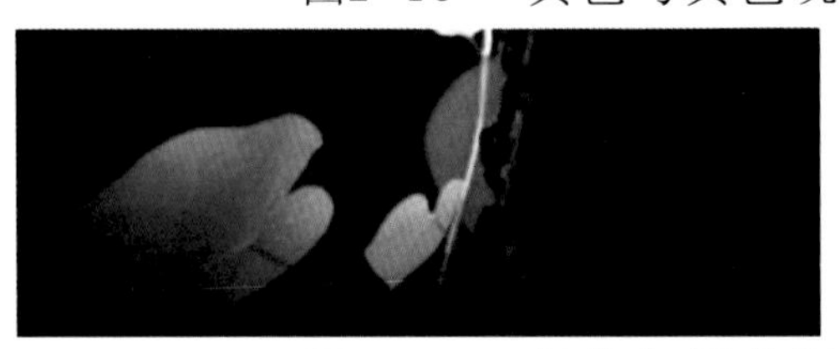

图2-14　绿色与绿色玩具

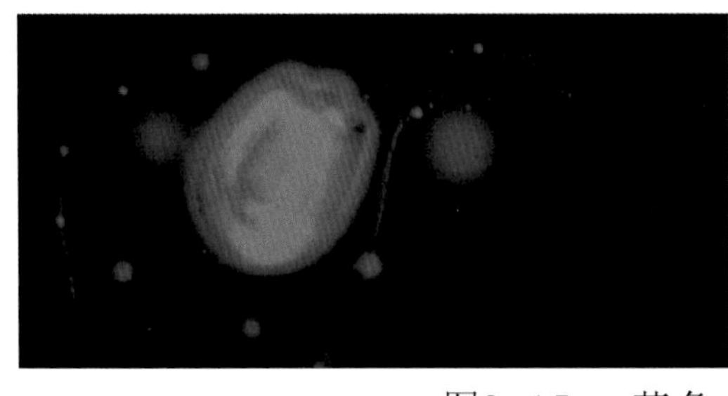

图2-15　蓝色与蓝色玩具

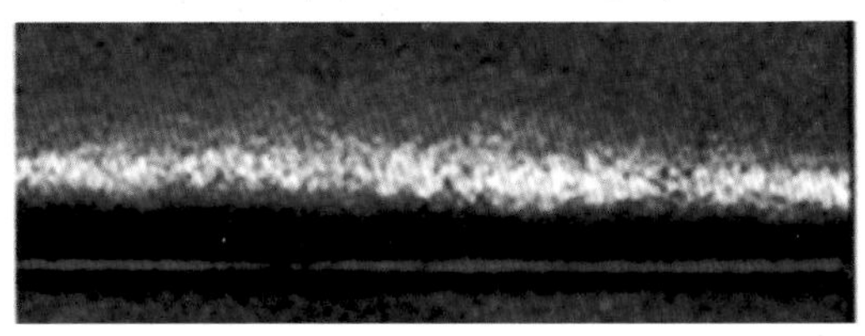

图2-16　紫色与紫色玩具

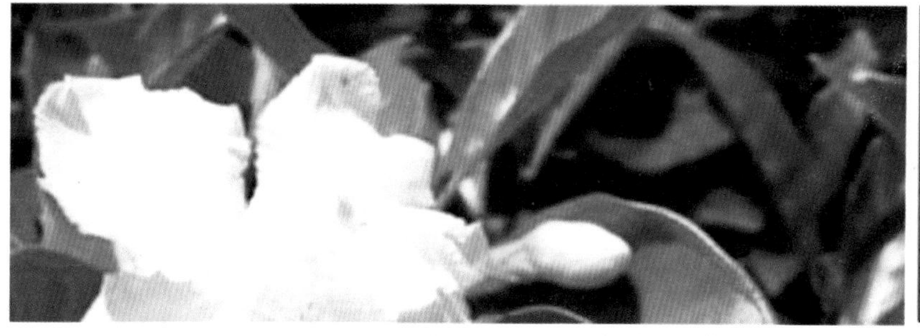

图2-17　白色与白色玩具

图2-18　黑色与黑色玩具

图2-19　灰色与灰色玩具

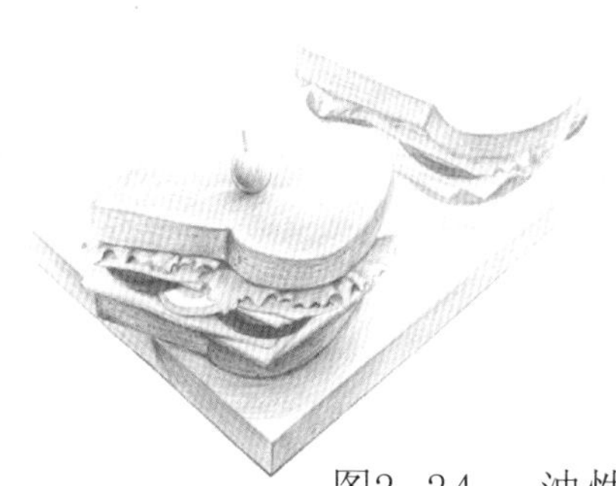

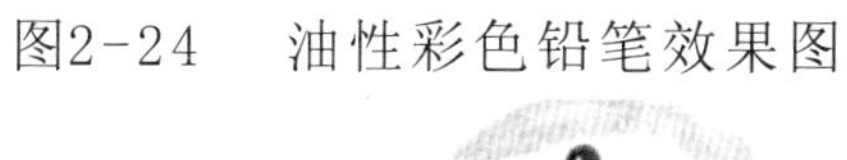

图2-24　油性彩色铅笔效果图

图2-25　水溶性彩色铅笔效果图

图2-32　圣诞熊布绒玩具效果图

图2-33　图2-34　图2-35

图2-36　图2-37　图2-38

图2-39

图2-40

图2-45

图3-12　玩具设计草图

图3-15　彩铅草图

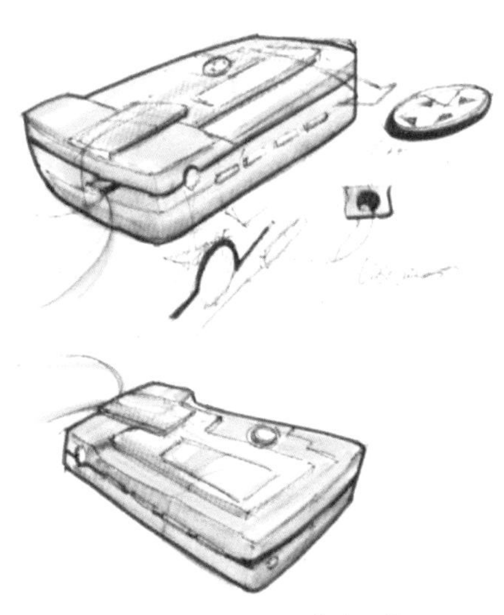

图3-16　马克笔草图

图3-17　色粉草图

图3-18　马克笔+色粉综合草图

图3-23

图3-24

图3-25

图3-26

图3-27

● 学习情境3　卡通玩偶参考模型

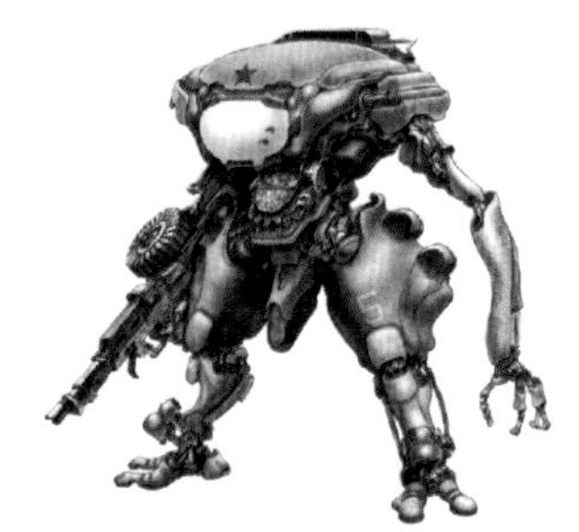

冷酷、怪异风格

粗壮、刚强风格

简洁、粗犷风格

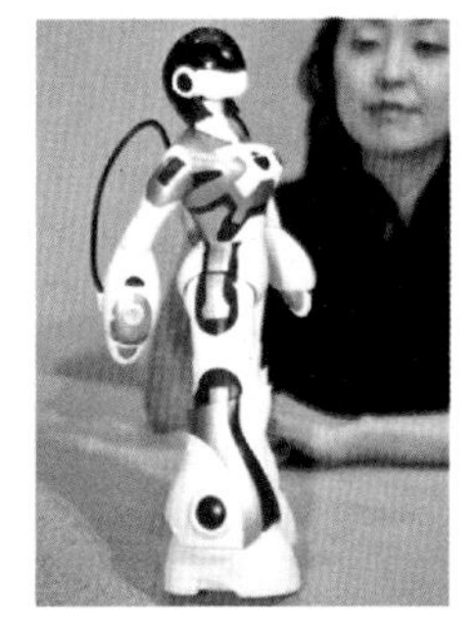

圆润柔美风格

简洁质朴风格

简单几何化风格

简洁、圆润、可爱风格

冷酷、犀利风格

图4-6　不同造型风格的机器人玩具

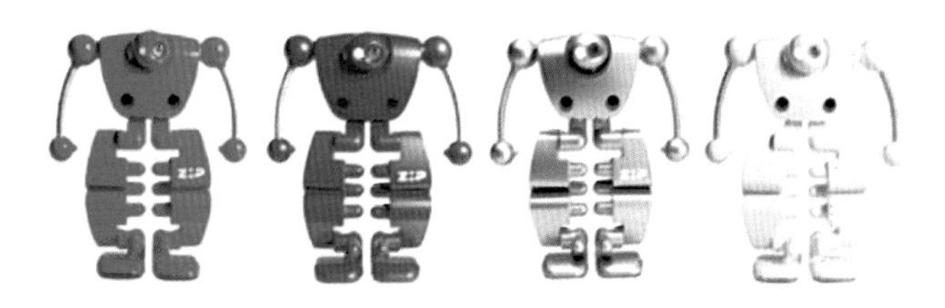

图4-9　造型相同的玩具产品色彩系列化

图4-26　海盗机器人构思色彩草图

图4-27　海盗机器人构思CAD草图

高职高专“十二五”规划教材

# 玩具外型设计与制作

甘庆军　刘志锋　编著

西安电子科技大学出版社

## 内 容 简 介

本书以训练和培养玩具产品外型设计的职业行动能力和职业素养为目标，放弃了传统教材的“章”、“节”架构，按照“工作过程系统化”的教学理念，以四种典型的职业工作任务——拼装(积木)玩具、节日主题(布绒)玩具、卡通模型树脂玩偶以及机器人塑胶玩具的外型设计与制作作为学习载体，组织编写了四个学习情境(学习单元)的教学内容，将玩具外型设计与制作所需的基本审美原则、手绘技法、创意构思方法和模型加工制作方法等知识融于各个学习情境中。

本书理论适度、内容深入浅出、实践性强，并且提供了大量的玩具外型设计参考案例，非常适合作为各类职业院校的玩具设计及相关专业的专业课程教材，也可作为职业培训机构、玩具企业员工培训和广大玩具设计爱好者的自学用书。

**图书在版编目(CIP)数据**

**玩具外型设计与制作**/甘庆军，刘志锋编著. —西安：西安电子科技大学出版社，2011.9

高职高专“十二五”规划教材

ISBN 978-7-5606-2593-5

Ⅰ. ① 玩…　Ⅱ. ① 甘…　② 刘…　Ⅲ. ① 玩具—设计　② 玩具—制作

Ⅳ. ① TS958

**中国版本图书馆 CIP 数据核字(2011)第 100346 号**

策　　划　杨丕勇

责任编辑　杨丕勇　樊新玲

出版发行　西安电子科技大学出版社(西安市太白南路 2 号)

电　　话　(029)88242885　88201467　邮　　编　710071

网　　址　www.xduph.com　　　电子邮箱　xdupfxb001@163.com

经　　销　新华书店

印刷单位　陕西光大印务有限责任公司

版　　次　2011 年 9 月第 1 版　2011 年 9 月第 1 次印刷

开　　本　787 毫米×1092 毫米　1/16　印 张 11　彩 页 10

字　　数　254 千字

印　　数　1～3000 册

定　　价　22.00 元

ISBN 978 – 7 – 5606 – 2593 – 5 / TS・0001

**XDUP 2885001-1**

# 前　言

玩具，一种具有娱乐功能的器具，被认为是陪伴儿童成长的伴侣。随着现代社会物质生活水平的提高和人们对精神生活追求的变化，玩具已不再是儿童的专利，许多年轻人甚至老年人对玩具也情有独钟，益智玩具、模型玩具、趣味玩具和电动智能玩具更是让他们爱不释手。一方面，玩具是人们生活中的“调味剂”，它不但给人们带来惊喜和乐趣，起到舒缓心情、强身益智的作用，而且还能给人以启发和教育。另一方面，玩具凝聚了人类的智慧和文化，它们不但不会因时代的变迁而丧失其独特的魅力，反而会成为一种具有收藏和传承价值的纪念品或礼品。如今，玩具正渐渐融入各种人群的生活当中，成为现代社会中不可缺少的消费品。

我国已是玩具制造大国，正向着“玩具设计强国”迈进。随着我国经济发展方式的转变，传统的外向型代工(OEM)玩具企业开始设计自己的产品，内销型玩具企业也在努力打造自己的品牌，玩具企业越来越需要具有玩具产品开发设计能力的专业技术人才。在玩具企业开发产品和打造品牌的过程中，外观造型设计的导入是重要环节。玩具产品引入外型设计要素，将有助于建立品牌和提高产品的市场竞争力。因此，对于玩具产品开发和设计人员来说，应该掌握玩具产品开发设计的流程，学会与市场相结合，开展玩具产品外型的创意设计与模型制作，从而推动整个产品的开发与营销。

目前，国内许多高职院校为适应社会发展的需求而开设了玩具设计专业，为玩具行业、企业的转型培养更多具备玩具产品开发和设计能力的专业技术人员。本书是广州番禺职业技术学院玩具设计专业精品课程——“玩具外型设计与制作”的配套教材，具有玩具设计专业的特色和规范。与同类的传统教材相比，本书的最大特色是放弃了传统教材的“章”、“节”构架，按照“工作过程系统化”的教学理念进行开发，以培养学生的职业行动能力和职业素养为教学目标和考核标准，以四种典型的职业工作任务——拼装(积木)玩具、节日主题(布绒)玩具、卡通模型树脂玩偶以及机器人塑胶玩具的外型设计与制作作为学习载体，组织编写了四个学习情境(学习单元)的教学内容，将玩具外型设计与制作所需的基本审美原则、手绘技法、创意构思方法和模型加工制作方法等知识融于各个学习情境中。每个学习情境均以每个任务的完整工作过程为线索编排，并提供了信息资讯、练习、组织计划、构思决策、实施检查、评估等工作表单，以此引导学生(学员)以小组团队的形式开展玩具外型设计与制作技术的学习。

在本书编写过程中，广东顺德龙创域快速成型技术有限公司黎曚先生、郭允德先生和东莞马路科技有限公司张宝宾先生、陈才先生给予了大力支持和帮助，在此表示衷心的感谢。由于本书基于新的教学理论而编写，加之编者经验不足，故难免有疏漏，望广大读者给予宝贵建议和意见。

编　者

2011年3月30日

# 目　录

# 学习情境 1

## 拼装(积木)玩具外型设计与表达

## 一、工作(项目)任务单

| 专业学习领域 | 玩具外型设计与制作 | 总学时 | 112 |
|---|---|---|---|
| 学习情境 1 | 拼装(积木)玩具外型设计与表达 | 学时 | 32 |
| 任务描述 | 学生以 5 至 6 人为小组收集相关市场信息和图片资料，设计一款适合 2～6 岁儿童的拼装(积木)玩具，绘制其马克笔＋色粉效果图，最后对其设计作品进行展示和答辩。 | | |
| 具体任务 | 1. 搜集、分析拼装(积木)玩具的产品信息；<br>2. 素描拼装(积木)玩具产品外型和结构；<br>3. 设计拼装(积木)玩具产品色彩；<br>4. 手绘拼装(积木)玩具产品效果图；<br>5. 运用创新设计方法和审美法则设计拼装(积木)玩具外型与结构；<br>6. 展示、汇报设计成果。 | | |
| 学习目标 | 1. 学会搜集、分析拼装(积木)玩具产品的市场信息；<br>2. 掌握明暗素描和结构素描的基本技法；<br>3. 掌握色彩基础知识；<br>4. 掌握拼装(积木)玩具产品的手绘马克笔＋色粉效果图技法；<br>5. 能够运用创新思维和审美法则设计拼装(积木)玩具外型；<br>6. 勤于动手实践，认真学习，善于思考，培养良好的空间思维能力。 | | |
| 资讯材料 | 1. 李珠志，卢飞跃，甘庆军. 玩具造型设计[M]. 北京：化学工业出版社，2007.<br>2. 中国就业培训指导中心，中国玩具协会编写. 国家职业资格培训教程：玩具设计师(基础知识)[M]. 北京：中国劳动社会保障出版社.<br>3. 关阳，张玉江. 设计素描[M]. 北京：机械工业出版社.<br>4. (日)清水吉治. 产品设计效果图技法[M]. 北京：北京理工大学出版社.<br>5. 曹学会，等. 产品设计草图与麦克笔技法[M]. 北京：中国纺织出版社.<br>6. 崔天剑，李鹏. 产品形态设计[M]. 南京：江苏美术出版社. | | |

| 学习安排 | | | | |
|---|---|---|---|---|
| 学习步骤 | 阶段 | 工作过程 | 微观教学法建议 | 学时 |
| | 资讯 | 教师行为：介绍拼装(积木)玩具的特点及市场情况，布置项目任务，下发任务单，讲解透视原理、色彩三要素、色相环、色彩推移及素描。<br>学生行为：收集拼装(积木)玩具产品的信息资源，明确工作任务，练习立方体、球体等几何体素描以及色相环绘制。 | 讲授法<br>演示法<br>实践法 | 12 |
| | 计划 | 学生行为：小组讨论拼装(积木)玩具的外型结构及色彩设计方案，绘制其设计素描图，填写工作计划单、制作工具材料单及工作任务分配单。<br>教师行为：组织小组讨论，观察学生的学习和工作表现，解答学生疑问，讲解统一与变化、对比与调和、对称与平衡、节奏与韵律的外型审美原则及效果图。 | 小组讨论法<br>头脑风暴法 | 6 |
| | 决策 | 学生行为：编写设计方案与工作计划汇报，修改设计方案和工作计划，填写工作决策单。<br>教师行为：组织学生进行方案汇报答辩，对学生的设计方案和工作计划提出修改建议。 | 小组讨论法 | 2 |
| | 实施 | 学生行为：绘制拼装(积木)玩具的马克笔＋色粉效果图，制作效果图展板。<br>教师行为：辅导学生绘制效果图和制作展板，强调绘图的美观性，观察学生的学习和工作表现。 | 四步教学法<br>讲授法 | 6 |
| | 检查 | 学生行为：对项目完成的情况进行自我检查和反思，修改不足之处，填写工作自查表，制作项目汇报 PPT。<br>教师行为：检查学生项目完成的情况，并提出修改意见和建议，解答学生疑问。 | 引导法 | 2 |
| | 评估 | 学生行为：进行项目成果汇报答辩，总结在此学习情境中的收获与体会，评价自己的表现，填写工作评价单和教学反馈单。<br>教师行为：组织项目成果汇报答辩，总结和评价学生在此学习情境中的表现，填写工作评价单。 | 多媒体演示法 | 4 |

## 二、工作(项目)资讯单

<table>
<tr><td>专业学习领域</td><td>玩具外型设计与制作</td><td>总学时</td><td>112</td></tr>
<tr><td>学习情境 1</td><td>拼装(积木)玩具设计与表达</td><td>学时</td><td>32</td></tr>
<tr><td>资讯问题</td><td colspan="3">1. 市场上有哪些类型的拼装(积木)玩具？市场上比较有名的拼装积木玩具的品牌有哪些？拼装(积木)玩具针对的使用对象或销售对象有哪些？了解一下拼装(积木)玩具的市场零售价格，拼装(积木)玩具在功能、结构形状及色彩方面分别有什么特点？请收集相关的图片信息。<br>2. 拼装(积木)玩具的创新设计可以从哪些方面着手？<br>3. 物体透视的规律是什么？<br>4. 明暗素描的五大调是什么？<br>5. 设计素描的要点是什么？<br>6. 色彩的三大要素是什么？<br>7. 如何理解外型设计的统一与变化、对比与调和、对称与平衡、节奏与韵律？能否在拼装(积木)玩具外型设计中应用这些设计方法？<br>8. 拼装(积木)玩具的色彩可以怎样搭配？<br>9. 马克笔+色粉的绘画特点是什么？应用马克笔+色粉绘制效果图应掌握什么技巧？</td></tr>
<tr><td>资讯引导</td><td colspan="3">针对上述 9 个资讯问题，请参考下面对应序号的资讯：<br>1. 参见工作(项目)信息单 1.1；<br>2. 参见工作(项目)信息单 1.1；<br>3. 参见工作(项目)信息单 1.2 及资讯材料 1；<br>4. 参见工作(项目)信息单 1.3 及资讯材料 1；<br>5. 参见工作(项目)信息单 1.3 及资讯材料 3；<br>6. 参见工作(项目)信息单 1.4 及资讯材料 1、2；<br>7. 参见工作(项目)信息单 1.5 及资讯材料 1、6；<br>8. 参见工作(项目)信息单 1.4 及资讯材料 2；<br>9. 参见工作(项目)信息单 1.6、资讯材料 4、资讯材料 5 及案例 10。</td></tr>
</table>

## 三、工作(项目)信息单

| 专业学习领域 | 玩具外型设计与制作 | 总学时 | 112 |
|---|---|---|---|
| 学习情境 1 | 拼装(积木)玩具设计与表达 | 学时 | 32 |

| 序号 | 信 息 内 容 |
|---|---|
| 1.1 拼装(积木)玩具及其特点 | 我们把可供使用者自行拼装(DIY)，具有良好互动性、教育性和益智娱乐功能的玩具叫做“拼装(积木)玩具”，如常见的七巧板积木、乐高拼装积木、“切切看”积木、汉诺塔、拼装魔方等。拼装(积木)玩具的主要使用对象一般为 2～6 岁的儿童。只有较少部分益智类的积木玩具可适合青少年和成年人使用，如传统玩具“九连环”。图 1-1～图 1-11 给出了几种拼装(积木)玩具的外观。 |

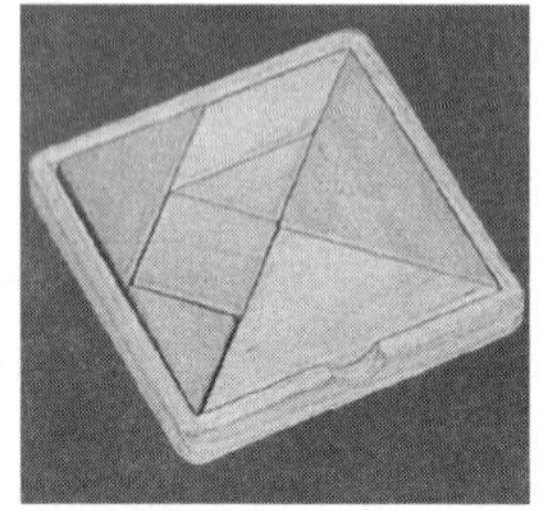

图 1-1　七巧板

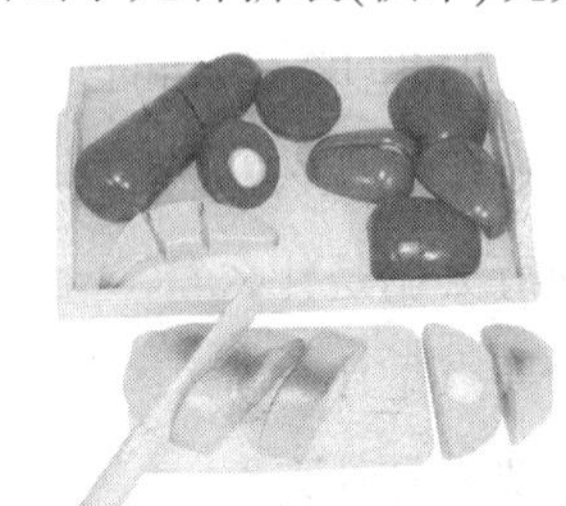

图 1-2　“切切看”积木

图 1-3　乐高积木

图 1-4　汉诺塔

图 1-5　拼装魔方

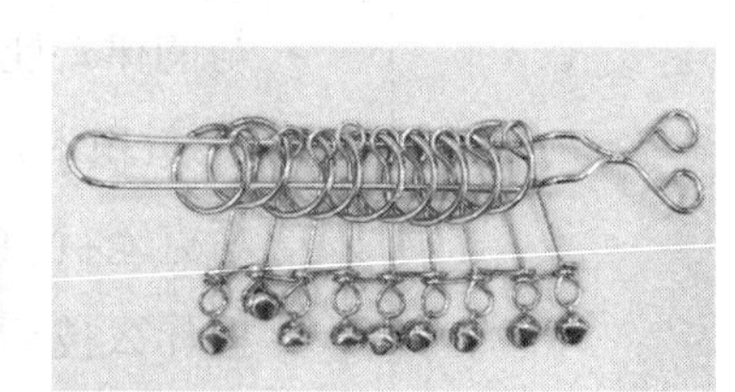

图 1-6　九连环

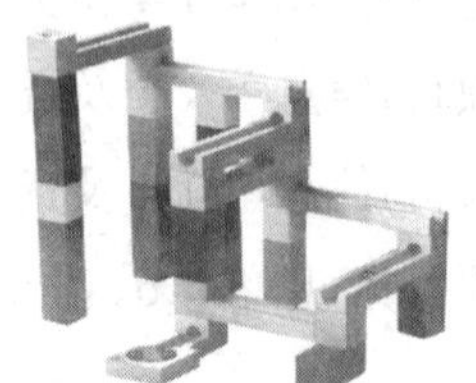

图 1-7　其他拼装(积木)玩具

1.1 拼装(积木)玩具及其特点

由于2～6岁儿童的感官、智力、思维和记忆能力处于一个相对较快的发展期，他们对生活中的常见事物充满好奇，对事物的外型、颜色和简易功能具有强烈的认知与实践的欲望。因此，拼装(积木)玩具对于这一年龄段的儿童来说具有良好的教育和益智作用，同时，通过玩具的拼装过程给儿童带来的成就感和愉快感能促进儿童心理的健康发展。可以说，拼装(积木)玩具是儿童成长过程中不可缺少的“好伙伴”。

拼装(积木)玩具在外型结构上有何特点呢？通过采用网络调查、电话调查或到市场及生产厂家实际观察等不同形式，对市场上常见的拼装(积木)玩具进行调查和分析，我们可以总结出这一类玩具在外型结构及色彩设计方面具有下面几个特点：

(1) 可由多个零部件或模块结构组成，并在拼装后整体上呈现出某一物体和场景的概念形态，如楼房、水果、小汽车及赛车场、客厅等，如图 1-8 和图 1-9 所示。

图 1-8　切切看积木玩具

图 1-9　场景积木玩具

(2) 以简单的几何化、抽象化造型为主。由于使用对象的年龄在2～6岁，他们对事物形态的认知和判断并不是全面和具体的，而是对事物的主要特征和整体形状产生概念性的认识，如他们常常会把在一个块状的物体两侧各装上两个会转动的圆柱体的东西认为是一辆小汽车，也常常会把两侧有扁平状物体的东西认为是飞机，如图 1-10 和图 1-11 所示。故拼装(积木)玩具在整体外型以及各个零部件或模块结构造型上采用简单几何化的设计以实现其易识别和易拼装的功能。

图 1-10　飞机积木玩具

图 1-11　可拼装积木玩具

(3) 色彩多样而鲜艳并采用模块化设计。针对使用对象的生理和心理发育特征，2～6岁的儿童对色彩有认知的需求，容易被艳丽色彩所吸引，所以拼装(积木)玩具在整体色彩设计方面比较倾向于使用4～5种鲜艳的色彩进行搭配。但对于一个零部件或模块则采用一种颜色，以保证零部件或模块有很好的可认知性和识别性，同时也便于加工生产和降低成本。

## 1.2 透视原理

透视是物体通过人的视觉器官在大脑中成像的规律，因此要在平面图纸上准确表达物体的形态，必须熟悉和掌握物体透视的原理和表现技巧。透视规律可以概括为“近大远小，近高远低”。按照聚焦点(灭点)数量的不同，透视具体可以分为一点透视、两点透视和三点透视三种。

1. 一点透视(或称平行透视)

当立体图上有一个坐标面与画面平行时，透视图上只有一个灭点，如图 1-12 所示。一点透视往往只能示意物体的立体空间结构情况，其视觉艺术表现力较弱，故较少用于产品外型设计的表达中。

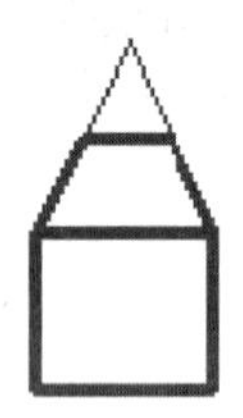

图 1-12　一点透视

2. 两点透视(成角透视)

当立体图上有一个坐标面与画面垂直，而其他坐标面与画面倾斜时，透视图上有两个灭点，如图 1-13 所示。两点透视具有较好的视觉艺术表现力，常用于表现工业产品的立体画面效果。

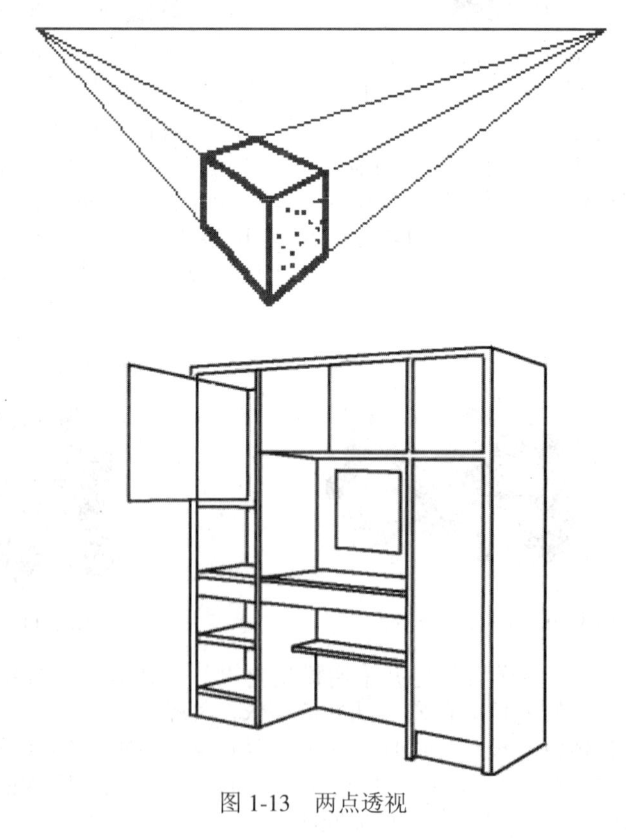

图 1-13　两点透视

1.2 透视原理

3. 三点透视

当立体图上有三个坐标面都与画面倾斜时，透视图上有三个灭点，如图 1-14 所示。三点透视可以表现物体高大的纵深感。与两点透视相比，三点透视对于建筑物高度的表现是最到位的，所以在绘制建筑物(俯视或仰视)效果图时常用三点透视的方法。

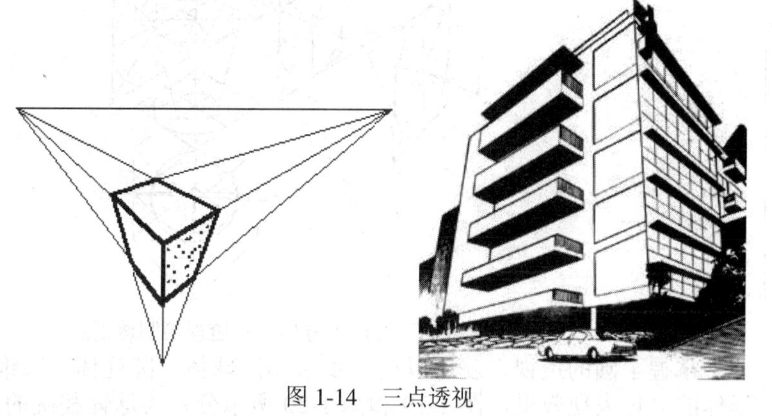

图 1-14　三点透视

4. 圆的透视

由于正视的圆形可以通过正方形来绘制，所以圆的透视主要是在正方形透视的基础上绘制出来的，图 1-15～图 1-18 所示为通过正方形的一点、两点和三点透视来表现圆的透视效果。

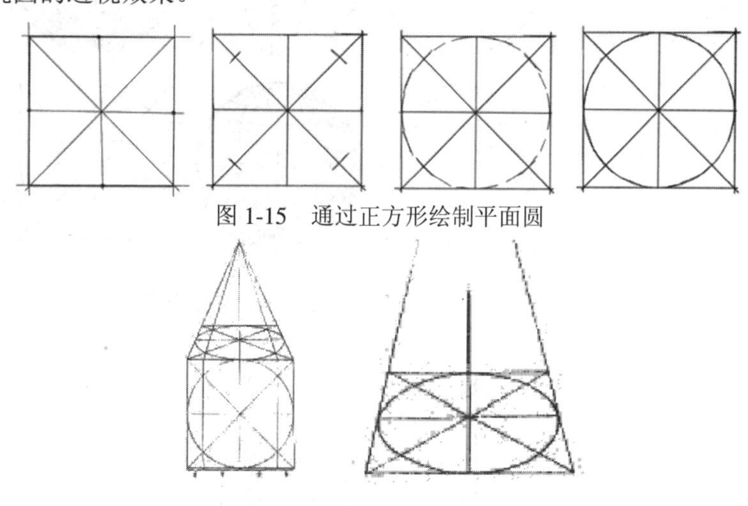

图 1-15　通过正方形绘制平面圆

图 1-16　通过正方形一点透视绘制透视圆

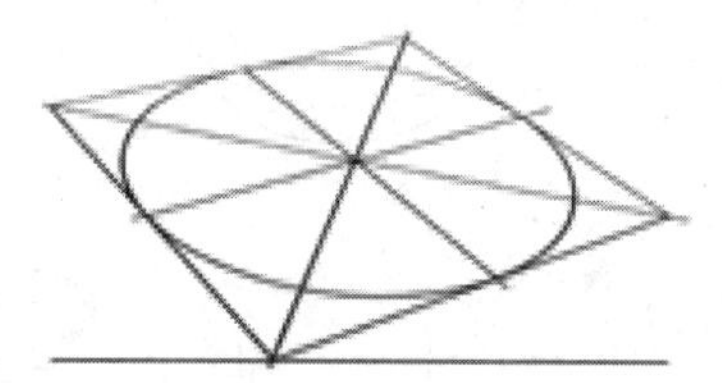

图 1-17　通过正方形两点透视绘制透视圆

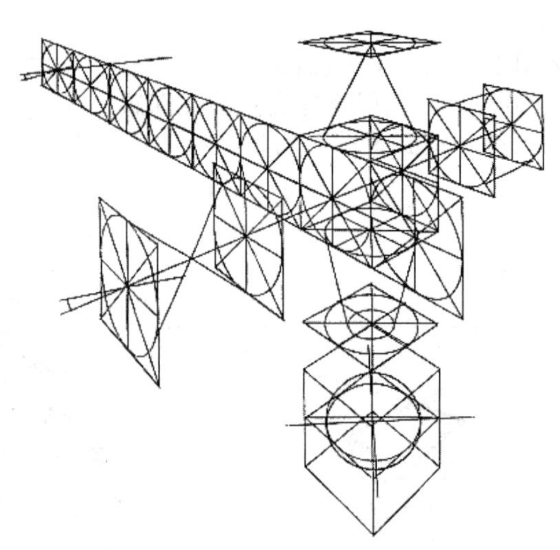

图 1-18　通过正方形三点透视绘制透视圆

掌握了圆的透视，就可以进一步绘制出球体、圆柱体、圆锥体、圆台等旋转形体的立体表现效果，图 1-19 和图 1-20 所示分别为球体和碗的透视表现。

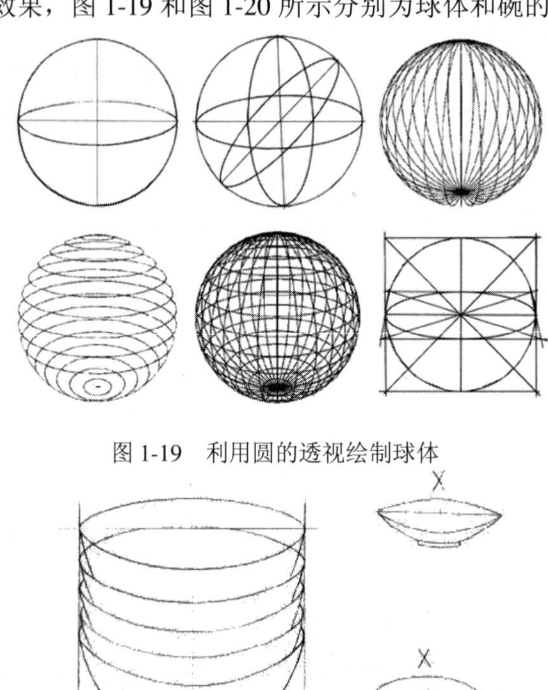

图 1-19　利用圆的透视绘制球体

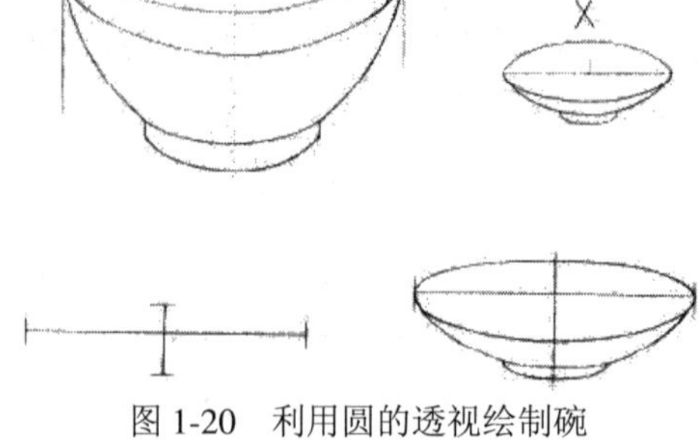

图 1-20　利用圆的透视绘制碗

<table>
<tr>
<td>1.2<br><br>透<br>视<br>原<br>理</td>
<td>

ⓘ**注意**：初学者常见的透视错误如图 1-21 所示。

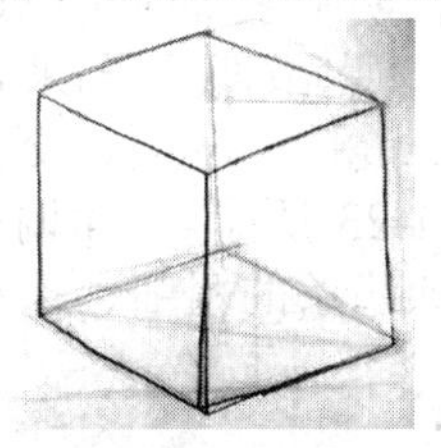

(a) 没有透视的两个焦点

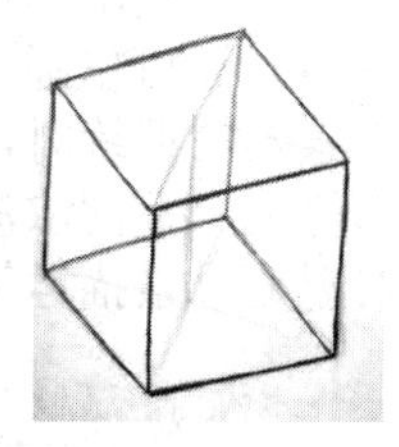

(b) 透视焦点方向错误

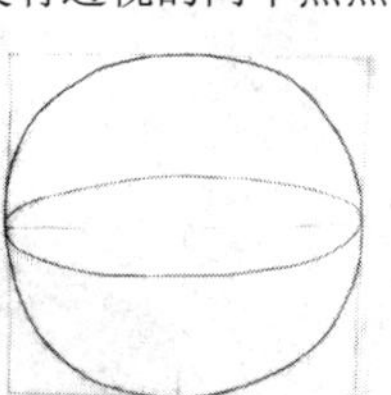

(c) 球体的圆形透视不准确

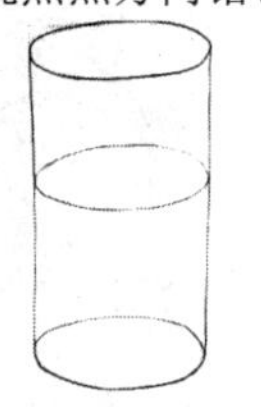

(d) 圆柱体三个圆形截面透视不准确

图 1-21　透视错误的几何体

</td>
</tr>
<tr>
<td>1.3<br><br>素<br>描<br>与<br>设<br>计<br>素<br>描</td>
<td>

1. 素描的基本概念

素描在广义上来讲是指运用单一色彩进行绘画的形式，狭义上来讲是指学习美术绘画基础知识、培养造型设计能力的训练过程。素描是一种常用的表现事物的平面绘图形式，被人们称为“造型艺术的基础”，因此在玩具产品外型设计中必须具备基本的素描技能。根据表现形式和用途的不同，可以将素描分为明暗素描和结构素描(设计素描)两大类别。

(1) 明暗素描：是传统的素描形式，注重通过描绘物体的明暗调子、质感、虚实关系来表现物体的真实感、空间感和层次感。明暗素描是训练人们认识事物在图纸上的空间关系、体积关系和明暗关系等造型规律的基本方法，如图 1-22(a)所示。

(2) 结构素描(设计素描)：是一种随着现代设计学科的发展应运而生的素描表现形式。与明暗素描不同，它注重用线条来表现物体的透视关系、比例尺度、内外结构和空间关系，同时在结构设计中还要求不断运用形象思维和创新思维能力对事物形态进行创新性训练。因此，结构素描是学习玩具产品外型创新设计过程中重要的训练手段。图 1-22(b)所示为拼装(积木)玩具的结构素描。

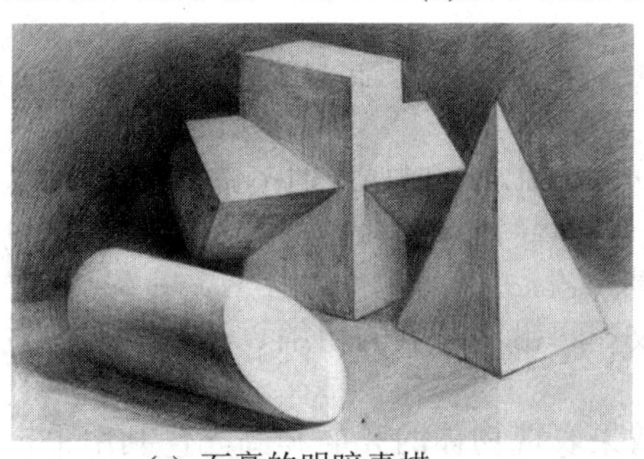

(a) 石膏的明暗素描

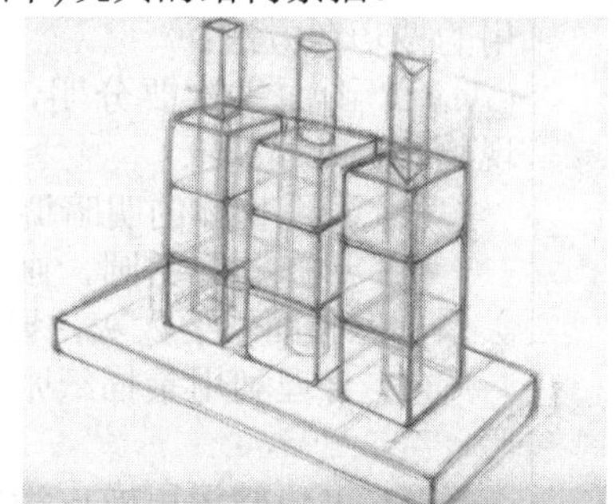

(b) 拼装(积木)玩具的结构素描

图 1-22　素描图

</td>
</tr>
</table>

1.3 素描与设计素描

2. 明暗素描的基本调子

为表现出物体的空间感和体积感，在明暗素描时可以通过物体的前后遮挡来表现，还可以通过不同描绘区域的浓淡、明暗(即调子)来表现。因此，在进行明暗素描的训练时，必须注重描绘出高光、亮面、灰面、交界线、暗面、反光、投影等七个不同浓淡和明暗的调子，如图 1-23 所示。 而调子的浓淡、明暗关系则可以通过素描运笔排线的方式来实现，如线条的粗细、疏密、深浅变化等。

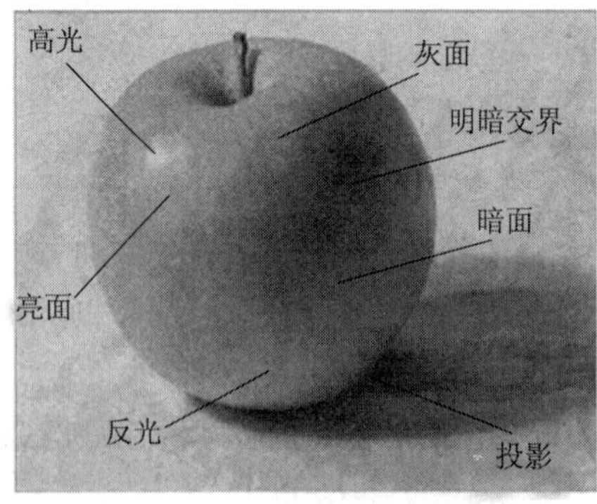


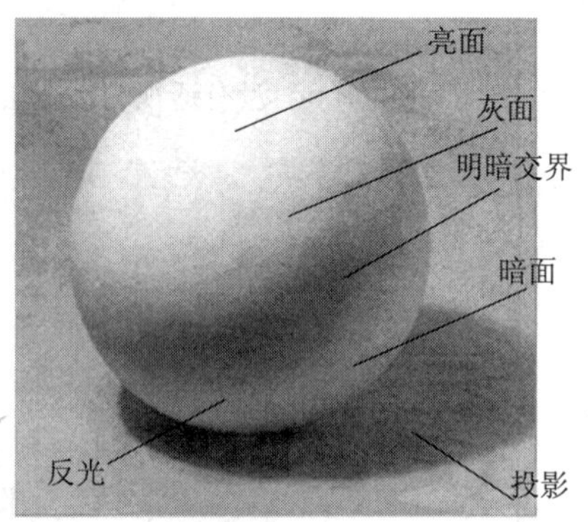


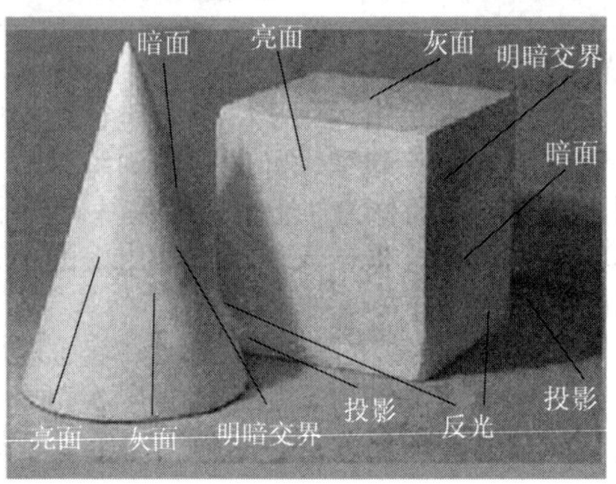


图 1-23　物体的明暗调子

3. 素描的表现技巧及应注意的问题

物体的明暗素描和结构素描画法的具体步骤可参看学习情境 1 中“工作(项目)案例单”之案例 1～4。要较快地提高素描技法水平，必须勤于写生练习，反复总结，平时生活中注意观察物体的形态和结构。同时还要在训练中运用下面一些常用的技巧和方法：

(1) 画面主次要分明，先从整体到局部，再从局部到整体，切忌用局部表现物体；

(2) 表现物体的明暗调子应从暗到灰再到亮，调子层次尽量丰富；

(3) 形态宁方勿圆，画面宁脏勿净，尽量多画参考线，找准透视关系和比例关系，但画面不要太灰，要分清主次；

(4) 合理利用素描纸张的纹理和铅笔笔触的粗细、软硬表现物体的质感和明暗；

(5) 可巧妙运用橡皮涂擦效果表现物体的亮面和高光，利用手指的涂抹效果表现透视和主次关系。

1.3 素描与设计素描

4. 素描工具

常用的素描工具有铅笔、橡皮、素描纸、美工刀、画夹、画架、夹子等，请在素描训练前以表 1-1 所示的图片为参考准备好这些工具。

**表 1-1　常用的七种素描工具**

| 序号 | 名称 | 规格型号 | 参考图片 | 数量 | 用途 | 备注 |
|---|---|---|---|---|---|---|
| 1 | 铅笔 | HB、2B、4B、6B、8B | | 5 支 | 绘制素描及其他图纸底稿 | 每种型号均 1 支 |
| 2 | 可塑橡皮 | 806 | | 1 块 | 擦除画面中的多余线条或涂抹出画面中的高光调子 | |
| 3 | 素描纸 | 8K 或 4K | | 20 张 | 绘制素描、草图、水粉写生或效果图等 | |
| 4 | 美工刀 | 大号 | | 1 把 | 切削铅笔或切割画纸 | |

1.3 素描与设计素描

(续表 1-1)

| 序号 | 名称 | 规格型号 | 参考图片 | 数量 | 用途 | 备注 |
|---|---|---|---|---|---|---|
| 5 | 画夹 | 4K | | 1 个 | 放置图纸 | |
| 6 | 夹子 | 大号 | | 6～8 个 | 将画纸固定在画夹上 | |
| 7 | 画架 | 木制画架或铝合金画架 | | 1 个 | 支撑画夹 | |

5. 素描的姿势与线条练习

1) 绘图姿势

在绘画前，应将画纸展平并用夹子固定在画夹上，再将画夹安放在画架上，绘画者端坐于画架之前，眼睛距离画纸约 30～50 cm，如图 1-24 所示。

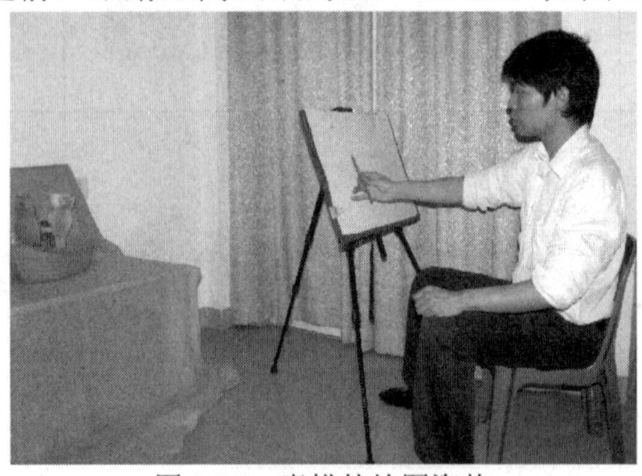

图 1-24　素描的绘图姿势

1.3 素描与设计素描

2) 握笔方式

在起稿或勾画大体轮廓时，可用拇指和食指轻握铅笔的中部，通过运动手腕(幅面较小)或者手肘(幅面较大)来运笔，如图 1-25 所示。在刻画局部细节时，可像写字时握笔姿势，如图 1-26 所示。

图 1-25　起稿时的握笔和运笔方式

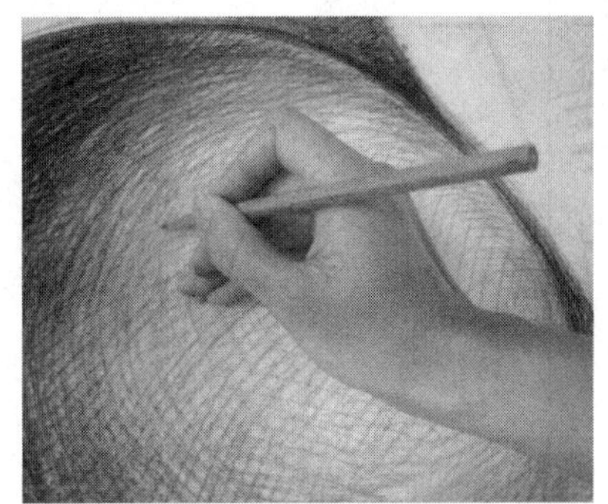
图 1-26　刻画局部时的握笔和运笔方式

3) 线条练习

素描主要通过笔触线条的排列布置来表现物体的立体感和空间感。素描排线方法主要有线条法、铺面法和线面结合法，如图 1-27 所示。 线条法是将铅笔削尖，采用笔尖与纸面接触并平稳用力的运笔方式绘制一组互相平行、长度相似、疏密均匀、轻松顺畅的线段，通过几组不同方向的排线重复叠加可以表现出调子的浓淡和深浅，但重复叠加平行线条时尽量使其不要互相垂直，如图 1-28 所示。铺面法是以笔头侧面接触纸面或用手指涂抹的方式平稳、轻盈、流畅地铺出明暗面的表现方法，如图 1-29 所示。线面结合法则是先以铺面法做出画面大体的明暗调子，再以线条排线的方式描绘刻画出物体局部细致的明暗关系，如图 1-30 所示。

图 1-27　素描的排线方式

图 1-28　线条法

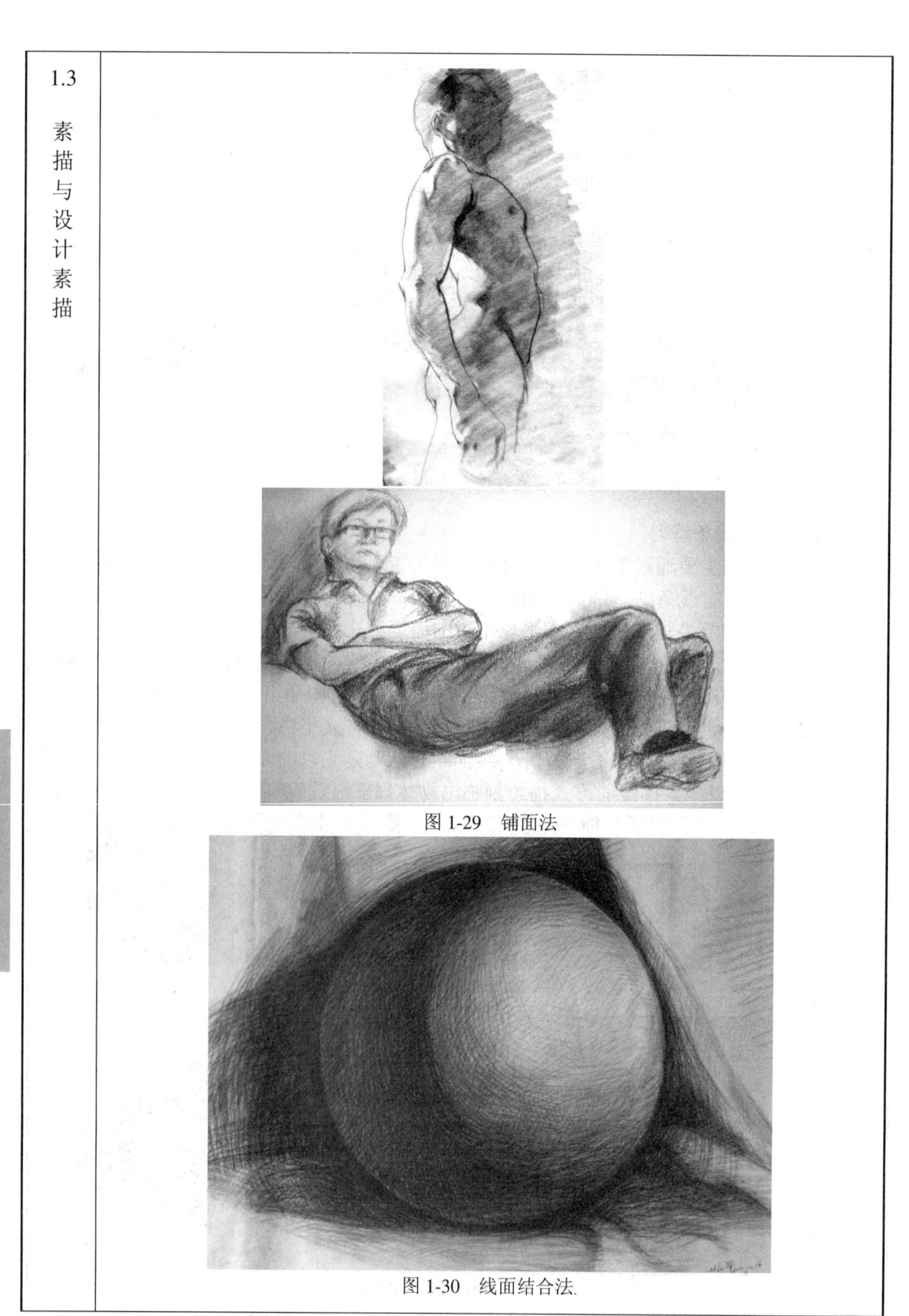

图 1-29　铺面法

图 1-30　线面结合法

| 1.3<br><br>素描与设计素描 | 6. 产品设计素描图例<br>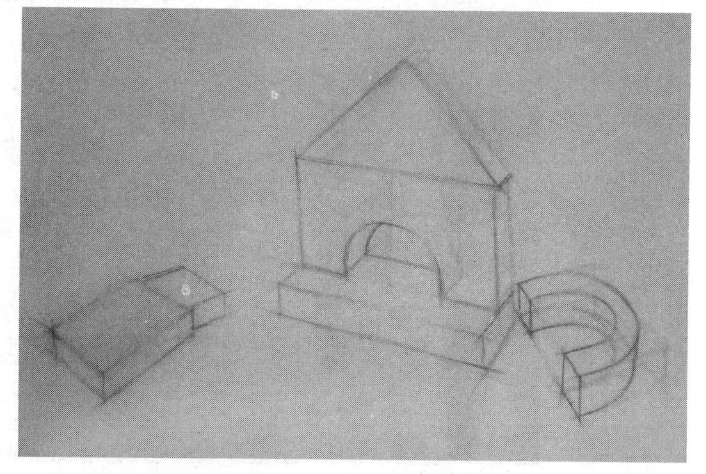<br><br>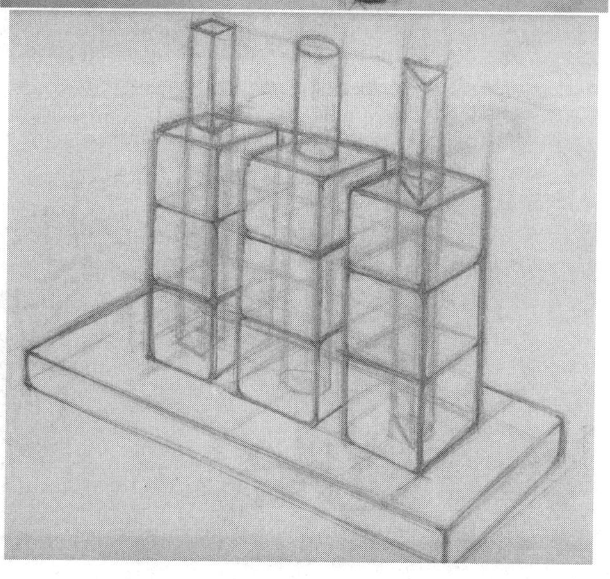 |
| --- | --- |

1.3 素描与设计素描

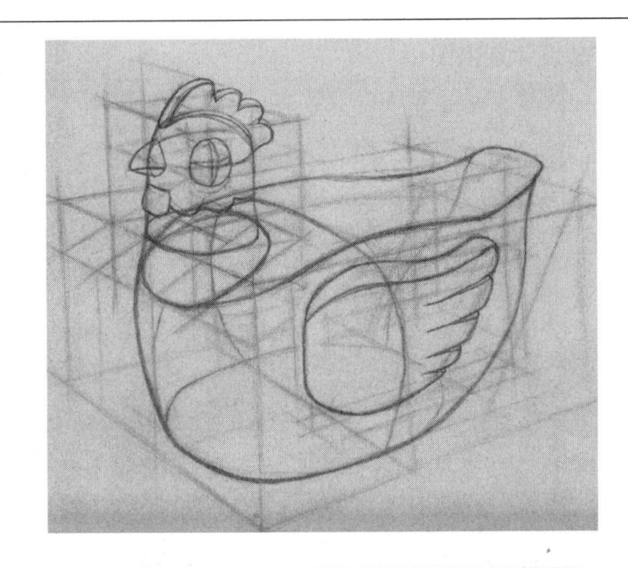

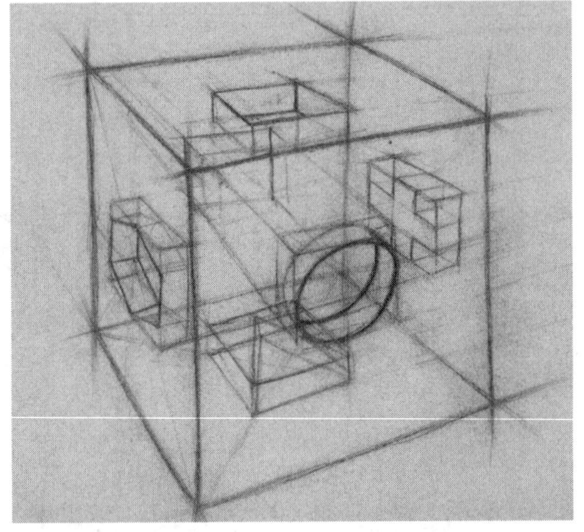

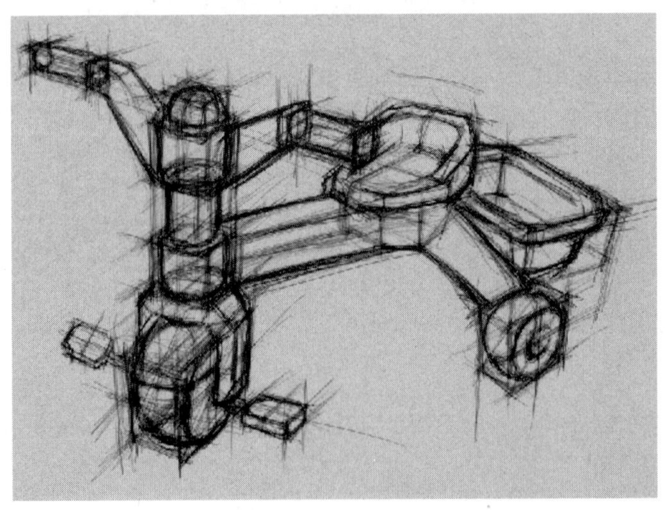

1.3 素描与设计素描

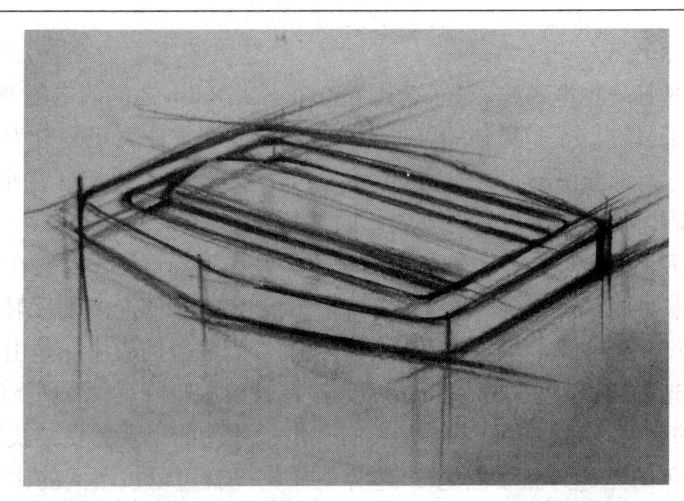

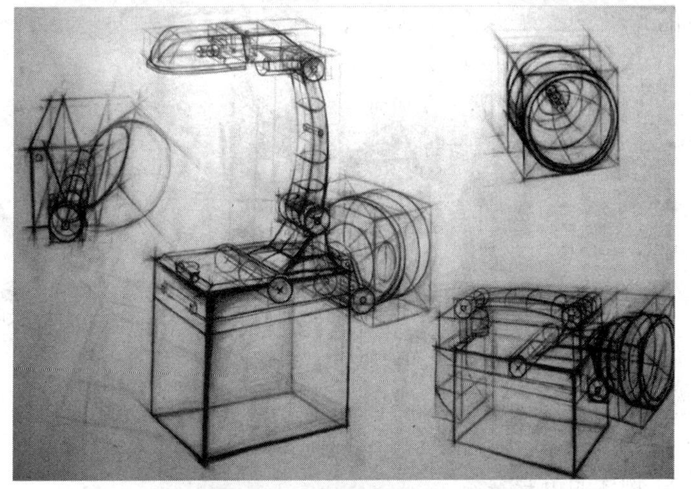

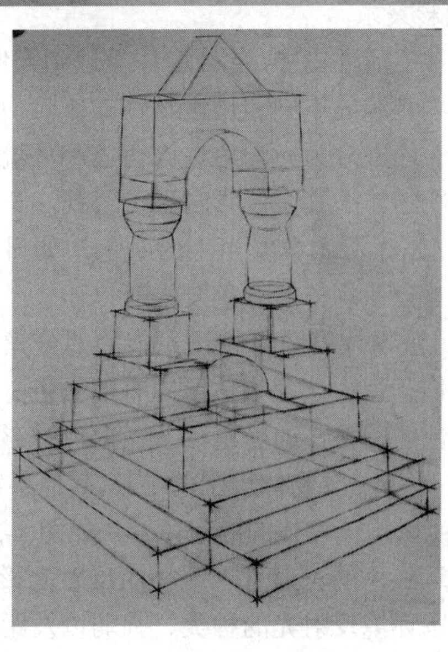

| 1.4 色彩基础 | 1. 色光原理<br>光是一种电磁波，波长范围在 0.38～0.78 μm 之间的电磁波被称为“可见光”，而 0.4～0.7 μm 是最佳的可见光范围。在可见光中又可划分为波长不同的几段光波，它们都会引起人眼不同的颜色感觉，如图 1-31 所示。当所有波长的光波都进入人眼时，就会使人感受到白色的可见光。<br>人们之所以能看到物体上的颜色，是由于当可见光照射在物体表面上时，部分波长的光波被物体吸收了，而剩下的一定波长的光波则反射到人眼中，从而使人们产生了相应的颜色感觉。例如人们看到红色的衣服，是由于照射在衣服上的可见光中波长为 360～605 nm 的光波都被衣服吸收了，而剩下的波长为 605～700 nm 的光波反射到人眼当中使人们产生了红色的视觉感受。我们把红、绿、蓝三种颜色的光称为三原色光。 选择三原色光就可以按不同的比例混合成其他各种颜色的光。 |
|---|---|

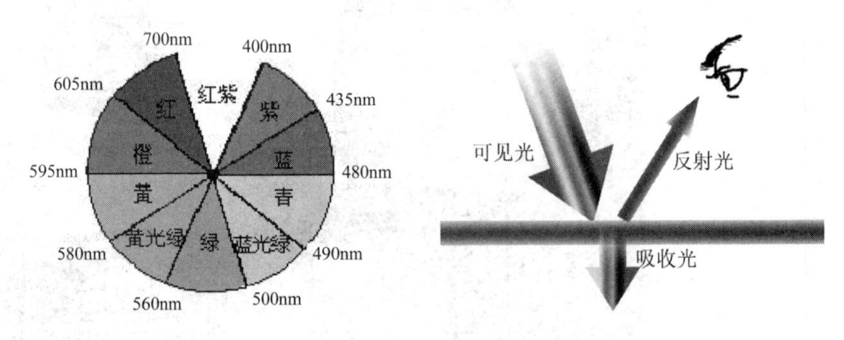


图 1-31　可见光波长分布及色光原理

2. 物体的色彩关系

在我们的日常生活环境中，各种物体呈现到人们眼睛里的颜色是比较复杂的，而且也会随着环境光源的不同和周围物体的影响而发生变化。总体来讲，我们把物体上呈现出来的色彩分为光源色、固有色和环境色三大类。我们在通过绘画或其他图像形式表现物体的真实色彩时不可忽视这三类色彩之间的关系。

(1) 光源色：是光源本身发出来的颜色，如日光、霓虹灯光、射灯光等，这些光照射在物体上会使物体的颜色发生变化。

(2) 固有色：是物体表面吸收日光中的部分光波后反射到人眼中的光波所呈现的颜色，是人们意识中认为物体所固有的颜色，往往不会因为该物体变换了环境而改变对其颜色的印象，如橙色橘子、白色衬衫、银色易拉罐等。

(3) 环境色：是指一个物体周围的环境(其他事物)反射出来的光的颜色会映射在该物体上，从而影响该物体的固有色彩。如图 1-32 中易拉罐的瓶口处本应是银色，但它受到附近红色的可口可乐纸杯的反射光影响而呈现出红色。环境色的影响程度取决于周围环境反射光的种类、强弱以及距离。

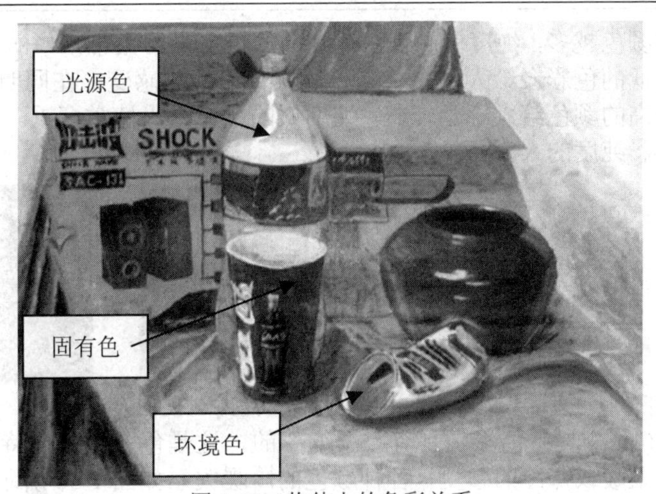


图 1-32　物体上的色彩关系

3. 色彩属性

色彩具有色相、明度和纯度三个基本属性，同时还具有能给人产生心理联想的特性，如色彩会给人冷和暖的心理感受。我们在分析和设计玩具产品的色彩时，必须注意它的基本属性和特性。

(1) 色相：是指色彩相貌或色彩的类别，是一种色彩区别于另一种色彩的称谓，如红色、黄色、蓝色等。按照色光原理，我们可以把不同类别的色彩按照环状排列，即形成了色相环。在色相环上，两种颜色之间的弧线距离为相距。相距越大，颜色差异就越大。各种不同的颜色会让人联想起相关的事物，从而给人带来不同的心理感受，如红色会让人感到喜庆的气氛。图 1-33 所示为不同色相的人头像。

图 1-33　不同色相的人头像

(2) 明度：是指色彩的明暗程度，明度越高颜色越亮，反之就越暗。不同色彩的明暗程度会有区别，同一类色彩中明暗程度也会有差异。在一种颜色中加入白色可以使它的明度提高，加入黑色可使其明度降低。一般认为明度高的色彩给人轻盈、畅快的感觉，明度低的色彩给人沉重、郁闷的感觉。图 1-34 所示为三种不同色彩明度的人头像。

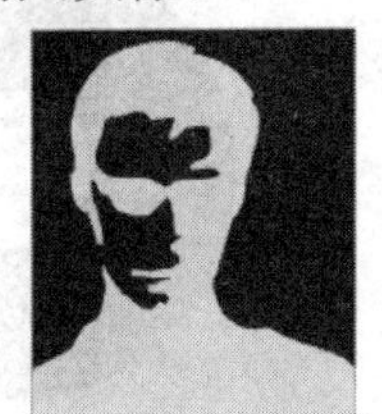  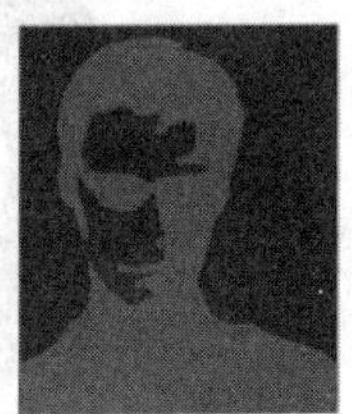

图 1-34　不同色彩明度的人头像

(3) 纯度：是指色彩的纯净程度，纯度越高颜色越清晰，反之就越浑沌。在一种颜色中加入白色、黑色、灰色或其他不同色相的颜色都会使其纯度降低。混

1.4 色彩基础

合的颜色越多，纯度就越低；纯度高的色彩会给人带来华丽、富贵、闪耀的感受，纯度低的色彩会给人带来朴素、浑沌、消极的感受；在同明度、同色相条件下，纯度高的颜色给人感觉轻盈，纯度低的颜色给人感觉沉重。图 1-35 所示为三种不同色彩纯度的人头像。

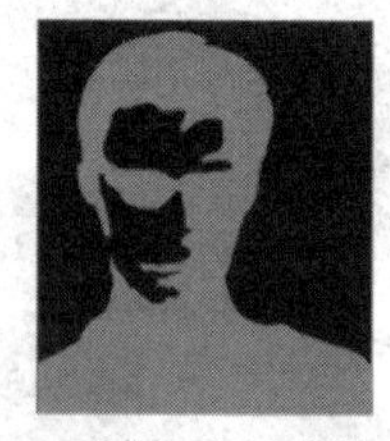

图 1-35　不同色彩纯度的人头像

(4) 冷暖：色彩是具有“温度”的，这是色彩的重要特性。不同的色彩会给人以温暖或寒冷的感受，各种颜色的冷暖关系如图 1-36 所示。通常，我们可以把色彩分为暖色(如红色、橙色、黄色等)和冷色(如蓝色、蓝绿色、绿色等)两大类。暖色会给人温暖、热情、积极、奔放、活泼等感受，而冷色会给人寒冷、冷静、消极、惆怅、优雅等感受。需要说明的是，暖色和冷色并没有严格的界限，在不同的环境条件下，暖色和冷色是可以相互转换的。例如图 1-36 所示，将橙色与黄色放在一起，那么橙色就是暖色，黄色就是冷色；将蓝绿色与绿色放在一起，那么绿色是暖色，蓝绿色是冷色。

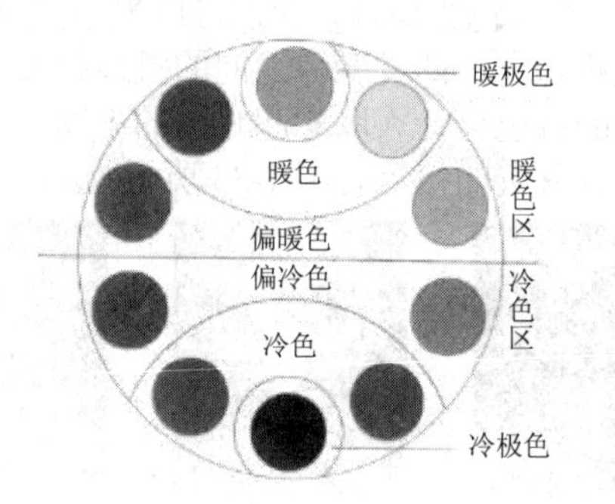

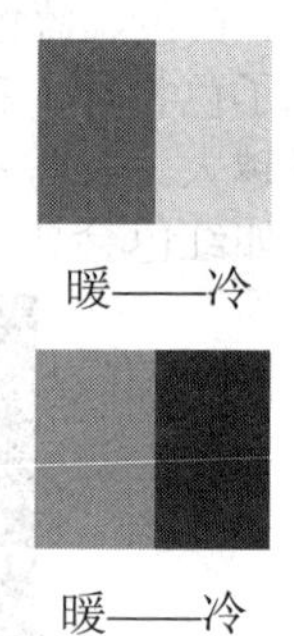


图 1-36　色彩的冷暖

4. 色相环

根据色光原理，可以把色彩依次绘制在环形的等分区域里而构成色相环，常见的色相环有 12 色相环和 24 色相环，如图 1-37 所示。色相环是一个有助于我们认识、理解并运用色彩的常用工具。

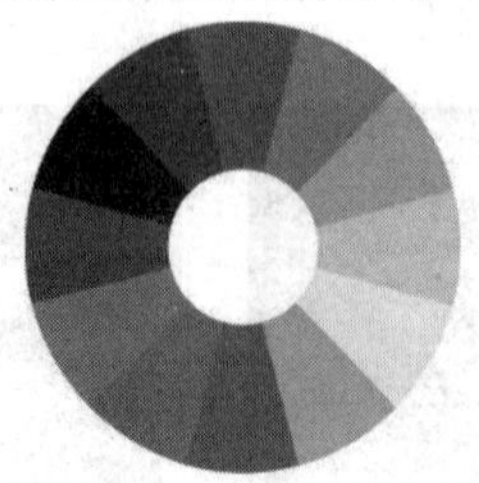
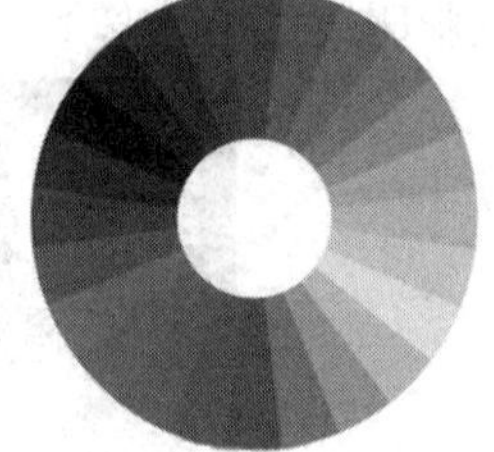

图 1-37　12 色相环与 24 色相环

在用颜料绘制的色相环中，我们把红、黄、蓝三种颜色称为色料三原色(注意区别于三原色光)，它们相互之间的圆心角都为 120º。色相环的任何一种颜色都可

| 1.4 色彩基础 | 以用三原色按照一定的比例混合而成。利用三原色混合而成的颜色称为间色或二次色，如橙、紫、绿等颜色；利用三原色和间色混合而成的颜色则称为复色或三次色，如红橙、黄橙、黄绿、蓝绿、红紫等颜色。图 1-38 所示为原色、二次色和三次色的示意图。<br>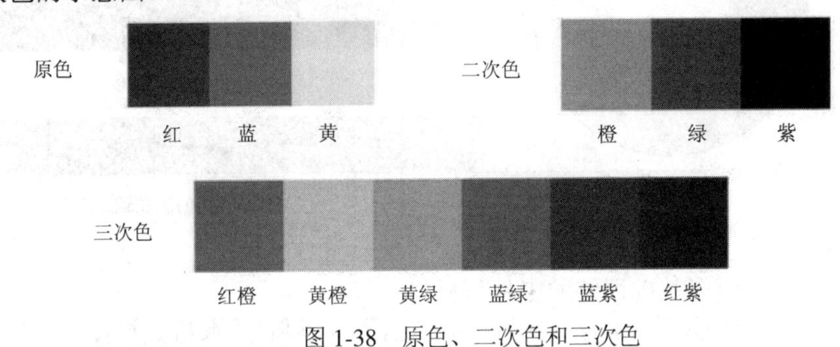<br><br>图 1-38　原色、二次色和三次色<br>在色相环中，圆心角为 30º 左右的两种颜色称为同类色，圆心角为 60º 左右的两种颜色称为近似色，圆心角为 90º 左右的两种颜色称为中差色，圆心角为 120º 左右的两种颜色称为对比色，圆心角为 180º 左右的两种颜色称为互补色，如图 1-39 所示。 如果两种颜色所成的圆心角越大，则这两种颜色的差异就越明显，其对比视觉效果就越强烈，反之差异越小，对比视觉效果就越柔和。因此，在玩具设计中，为了获得强烈的视觉效果，增强对儿童的吸引力，往往会采用对比色或互补色的色彩方案。<br>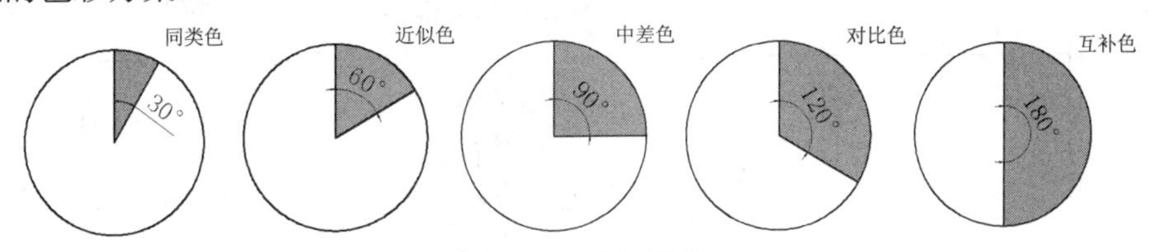<br><br>图 1-39　色相类别<br>5. 玩具产品的色彩及其意义<br>1) 玩具产品的色彩<br>玩具产品的色彩主要包括各种材料(塑胶、木材和布绒等)的本色，各种涂料、染料、颜料、光泽色、荧光色、全透明色和半透明色等。<br>2) 玩具产品色彩的意义<br>色彩对于玩具产品来说具有极其重要的意义。第一，它是玩具产品中最能刺激人的感官、引起人们兴趣和购买欲望的要素，尤其是儿童对色彩非常敏感，色彩设计的好坏很大程度上影响了儿童玩具产品设计的成败；第二，色彩创新设计是玩具创新设计的重要途径，色彩系列化设计更是设计师们常用的产品开发方法，它比其他开发玩具新产品的方式更为容易实现，而且成本较低。<br>6. 色彩基础训练<br>要理解和掌握色彩原理知识并为玩具色彩设计打下基础，必须进行基本的色彩训练，主要包括色相环绘制训练、色相推移训练、明度推移训练、纯度推移训练以及静物色彩写生训练等，如图 1-40 所示，具体可参看学习情境 1 中“工作(项目)案例单”之案例 5～9。 |
|---|---|

1.4 色彩基础

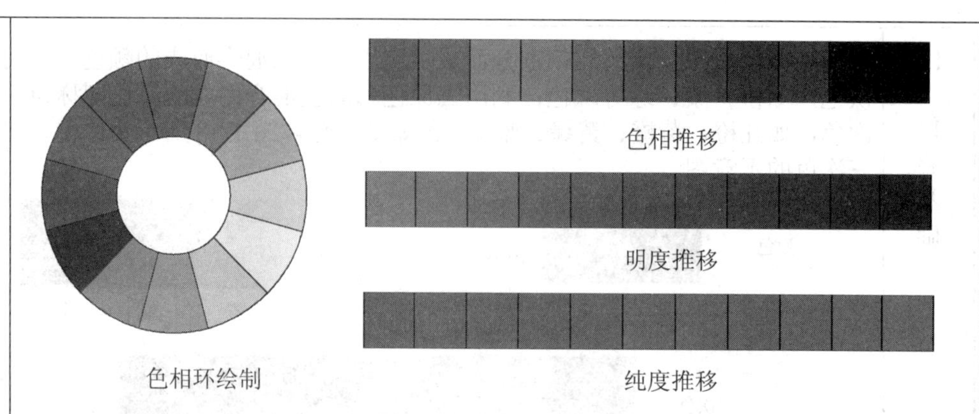


图 1-40 色相基础训练

7. 色彩基础训练的工具与材料

色彩基础训练的工具与材料包括丙烯颜料(或水粉颜料)、水溶性彩色铅笔、丙烯画笔(或水粉画笔)、水彩画笔、调色盒、水粉纸(或素描纸)等，如表 1-2 所示。

**表 1-2 色彩基础训练的工具与材料**

| 序号 | 名称 | 规格型号 | 参考图片 | 数量 | 用途 | 备注 |
|---|---|---|---|---|---|---|
| 1 | 丙烯颜料(或水粉颜料) | 12 色或 18 色 | | 1套 | 作为色彩构成及写生训练的颜料 | |
| 2 | 水溶性彩色铅笔 | 12 色或 24 色 | | 1套 | 作为色彩速写、产品效果图的绘图笔 | |
| 3 | 丙烯画笔(或水粉画笔) | 1、3、5、9 号 | | 4支 | 配合丙烯颜料或水粉颜料使用 | 每种型号各 1 支 |
| 4 | 水彩画笔 | 2、4、6、8 号 | | 4支 | 配合水溶性彩色铅笔使用 | 每种型号各 1 支 |
| 5 | 调色盒 | 24 格或 36 格 | | 1个 | 用于丙烯颜料或水粉颜料调色 | |
| 6 | 水粉纸(或素描纸) | 8K 或 4K | | 20张 | 用于绘制丙烯颜料或水粉颜料图画 | |

| 1.5<br><br>玩具外型审美的基本原则 | 1. 统一与变化<br>统一与变化是玩具外型设计的重要审美原则之一。它指的是玩具外型的每个局部要有相似或一致的造型元素(包括形状、色彩、材质和纹理等要素)，以突出造型的整体感和艺术风格。同时，在统一的整体风格基础之上，还强调局部或个体的差异和变化，以避免造型死板的缺陷，并体现活泼和个性魅力。统一和变化是辩证的，既要把不同之处统一起来，又要在统一之中求得局部的变化。<br>为了求得统一的风格，我们往往采用相同或相似的造型元素把差异统一起来，如用同样的形状通过反复、连续或有秩序的排列把整个产品形态统一起来，如图1-41所示。又如大面积地使用同一色调、同一材质纹理也能把整个产品的外型风格统一起来，如图1-42所示。<br><br>图1-41 形态的统一<br>图1-42 色调、材质的统一<br>为了让造型更有活力，更有个性，我们往往对颜色或形状进行局部的变化或差异化设计，如在局部范围内采用与整体色调对比较为强烈的颜色，如图1-43所示。又如在形状元素都一样的拼装(积木)玩具产品中，对于不同的模块元件采用不同的颜色，让产品更加活泼可爱以吸引儿童的注意力，如图1-44所示。<br><br>图1-43 局部与主色调差异变化<br><br>图1-44 不同模块元件采用不同的色彩<br>2. 对比与调和<br>对比是指玩具外型中局部存在明显的差异和不同，这些差异和不同就会产生强烈的视觉冲击力而吸引人们的注意。而调和是指减少玩具外型中的差异，使各种要素趋于统一和协调，这样就使得整体的视觉效果变得朴实、柔和，整体感强。 |
|---|---|

对比与调和可以说是对立统一的，玩具的外型既要讲究差异，又要寻求和谐，关键在于把握对比与调和之间的尺度。如图 1-45 所示，汉诺塔积木的套圈都采用了五种不同的色彩，它们之间的强烈对比形成了特别的视觉效果，看起来鲜艳活泼，但是五种色彩按照由小到大明度逐渐增高的方式排列，并且五个套环一组循环往复排列，形成了一种秩序感，从而协调了由于五种颜色差异而可能造成的凌乱感。另外，整个支架采用木材，其原始纹理也调和了产品的整体色调，增强了产品的整体感。

图 1-45　积木玩具色彩的整体调和

3. 对称与平衡

对称是指物体在左与右、上与下或前与后部位的形状的对等或相似，从而给人以完整、圆满的美好感受。平衡不是指物理意义上的重量完全对等，而是指物体的左与右、上与下或前与后从视觉上给人以“对等”的感受，它向人传递出稳重、坚固和安全的概念。玩具外型设计中，需要追求对称与平衡之美，但不意味着玩具一定要设计成前后、左右和上下都一样，而是通过形状、色彩和材质之间的视觉轻重关系互补达到平衡之感，如图 1-46 所示。这样玩具产品外型从整体上看很稳重，但又不显呆板，局部的细微差异让其更加生动、别致。

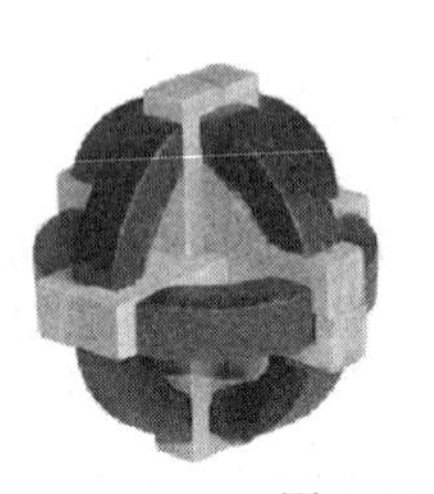

图 1-46　拼装玩具的对称与平衡之美

4. 节奏与韵律

节奏与韵律的审美法则是指玩具外型的形状元素或色彩要有规律地排列布置或变化，形成一定的节奏感和韵律感，从而给人带来愉悦和欣喜。如图 1-47 所示，积木排列由低到高逐一排列很有动感趋势，而图 1-48 所示的汉诺塔环的颜色变化设计也有节奏跳跃之感。

图 1-47　高低渐变排列的积木玩具

图 1-48　汉诺塔环的颜色变化设计

## 1.6 玩具设计效果图

设计效果图是表现玩具创意概念以及产品外型和结构设计最终效果的重要方式。它以艺术化和可视化的形式展示设计成果，便于与客户、同行进行交流和洽谈。

从应用的手段来看，设计效果图可以分为手绘效果图和计算机效果图，如图1-49、图1-50所示。在手绘效果图中，又可以根据表现技法的不同分为马克笔+色粉效果图、彩色铅笔效果图、喷绘效果图、淡彩效果图、水粉效果图、卡纸底色高光效果图，如图1-51～图1-56所示。

图1-49　手绘效果图

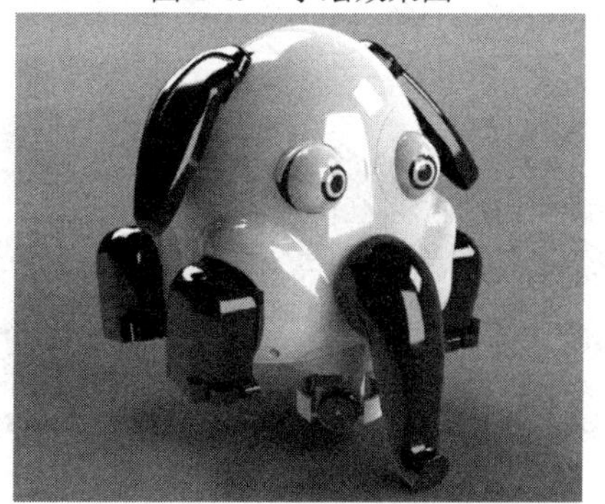

图1-50　计算机效果图

图1-51　马克笔+色粉效果图

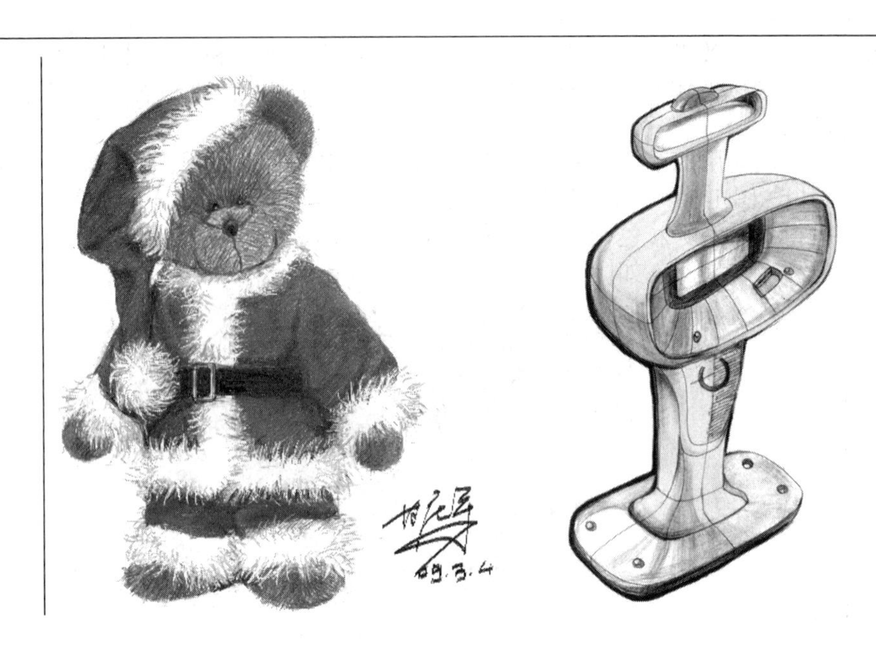

图 1-52　彩色铅笔效果图

图 1-53　喷绘效果图

图 1-54　淡彩效果图

| 1.6 玩具设计效果图 | |
|---|---|

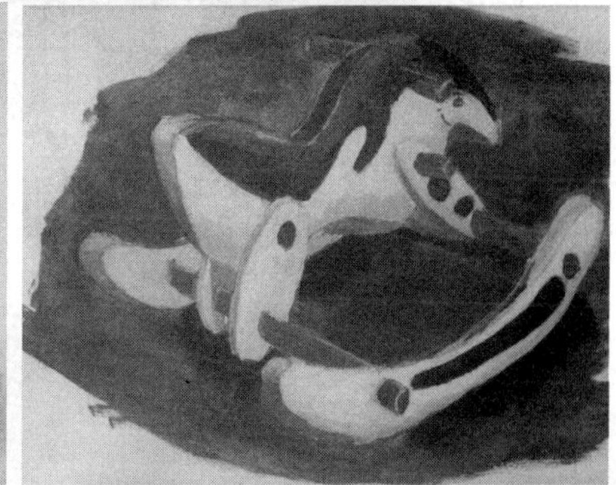
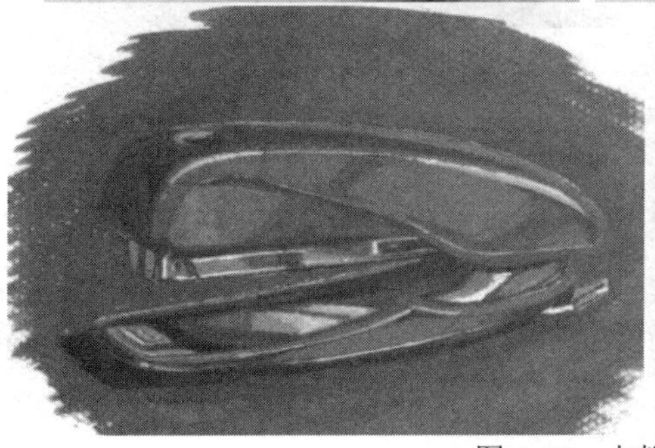
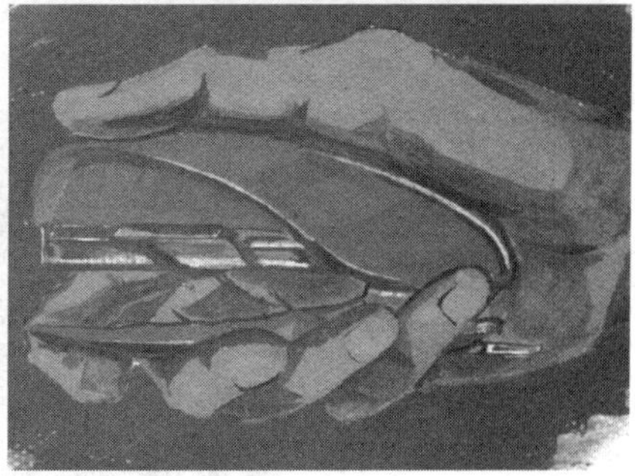

图 1-55　水粉效果图

图 1-56　卡纸底色高光效果图

| 1.6 玩具设计效果图 | 由于马克笔＋色粉效果图、彩色铅笔效果图需要的工具和材料简便易得，表现方式快速流畅，表现材料质感逼真(马克笔+色粉效果图适合表现塑胶、金属、木材、玻璃等，彩色铅笔效果图适合表现毛绒、布绒和木材)，表现效果明快活泼，所以它们是玩具设计中较为常用的效果图表现形式。玩具设计专业的学生应在多看、多练、多思考、多应用中尽快掌握这两种效果图的表现方法和技巧。<br>本学习情境中将重点讲授和训练马克笔+色粉效果图的表现技法，关于彩色铅笔的表现技巧将在学习情境 2 中讲授。下面提供多幅马克笔+色粉效果图例作为临摹参考。<br>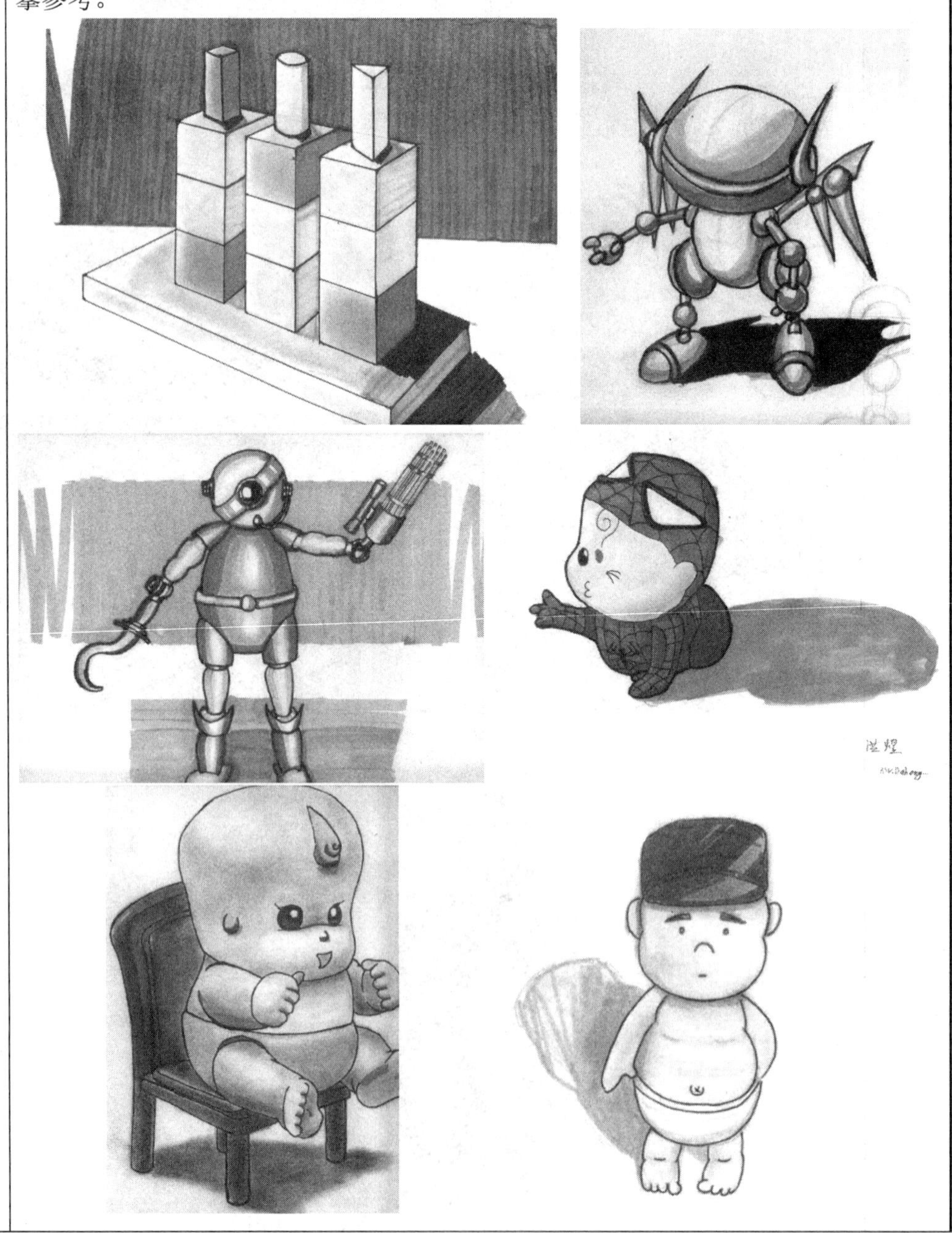 |
| --- | --- |

| 1.6 玩具设计效果图 |  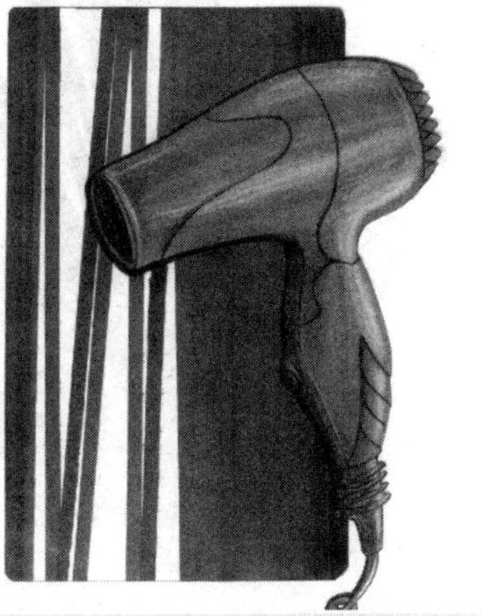 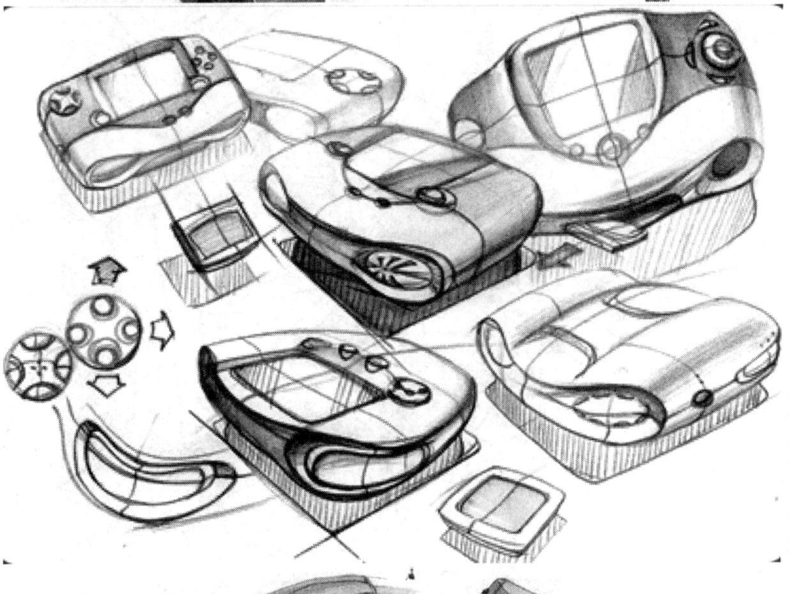 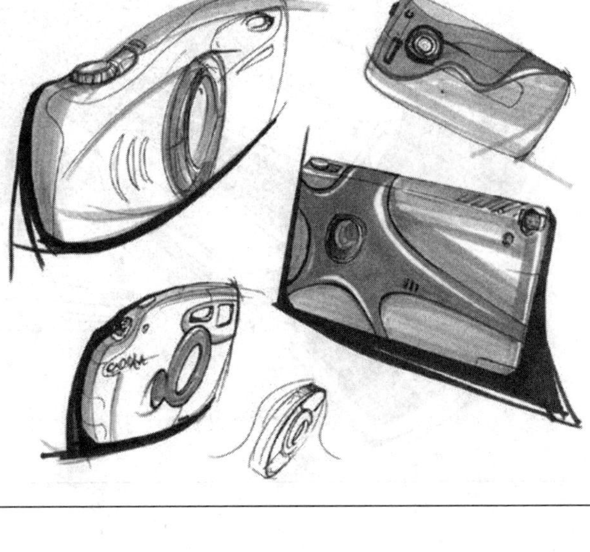 |
| --- | --- |

## 1.6 玩具设计效果图

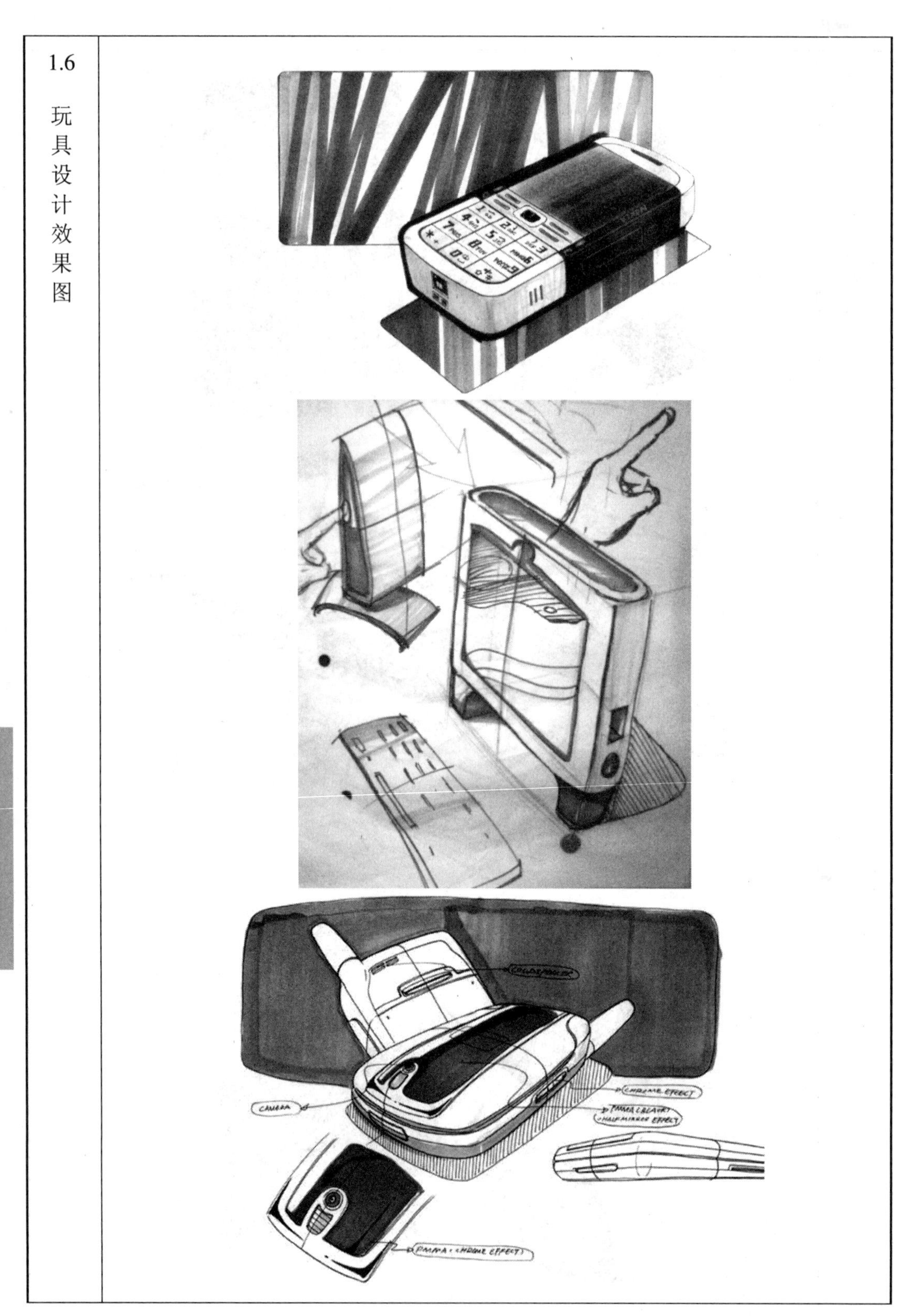

1.6 玩具设计效果图

## 四、工作(项目)案例单

| 专业学习领域 | 玩具外型设计与制作 | 总学时 | 112 |
|---|---|---|---|
| 学习情境 1 | 拼装(积木)玩具外型设计与表达 | 学时 | 32 |

**案例1 石膏立方体明暗素描画法**

如图 1-57 所示为石膏立方体照片及其明暗素描图。

图 1-57　石膏立方体照片及其明暗素描图

具体画法如下：

(1) 选择角度时最好能看见三个面，一般略俯视为好。先确定立方体在画面中的位置和大小，不宜安排在画面的正中。用直线判断立方体所处角度方向。想象画出看不到的面，注意线条的垂直与相互平行。如图 1-58 所示。

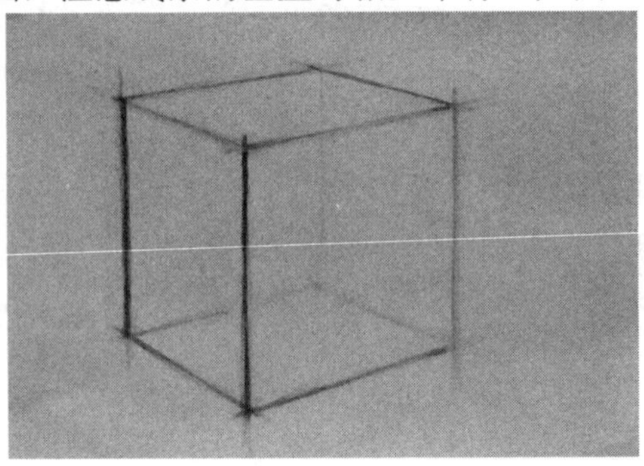

图 1-58　立方体轮廓线的勾画

(2) 调整立方体透视、比例关系的准确性，大体分出黑、灰、白三个明暗层次及阴影与背景。如图 1-59 所示。

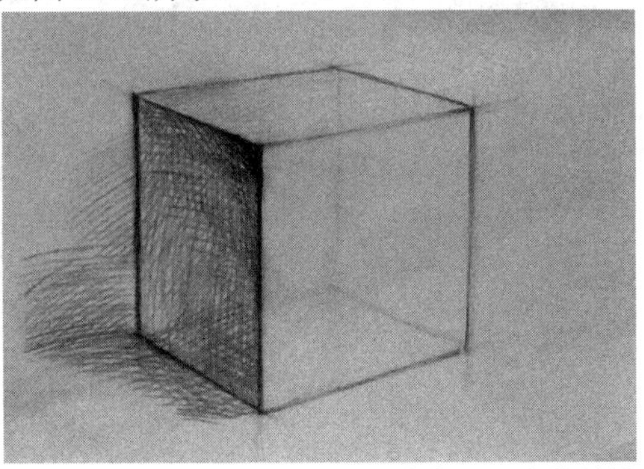

图 1-59　立方体黑、灰、白三个色调层次的铺设

案例1 石膏立方体明暗素描画法

(3) 加强体积感，从明暗交界线处刻画。注意暗部的反光变化及立方体与阴影背景的关系，画面色调层次尽量明朗。如图 1-60 所示。

图 1-60 立方体明暗层次及背景的刻画

(4) 调整画面整体关系，加强体积感。最前面的立方体棱线，即明暗交界线，处理要较实一些，增强前后空间关系。注意黑、灰、白三大面色调的层次变化。如图 1-61 所示。

图 1-61 画面整体明暗和虚实关系的调整

ⓘ注意——初学者常见的毛病

• 透视及形体比例不准确、明暗层次不分，如图 1-62 所示。

• 轮廓线条不准确，排线不美观，没有黑、灰、白层次。如图 1-63 所示。

• 画面零散、无主次，排线零乱，黑、灰、白层次不清，线条虚实不分。如图 1-64 所示。

案例1 石膏立方体明暗素描画法

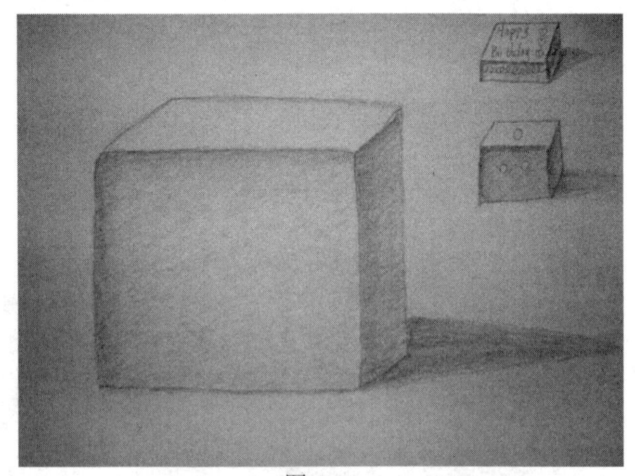

图 1-62

图 1-63

图 1-64

| 案例2 石膏球体明暗素描画法 | 图 1-65 为石膏球体照片及其明暗素描图。<br>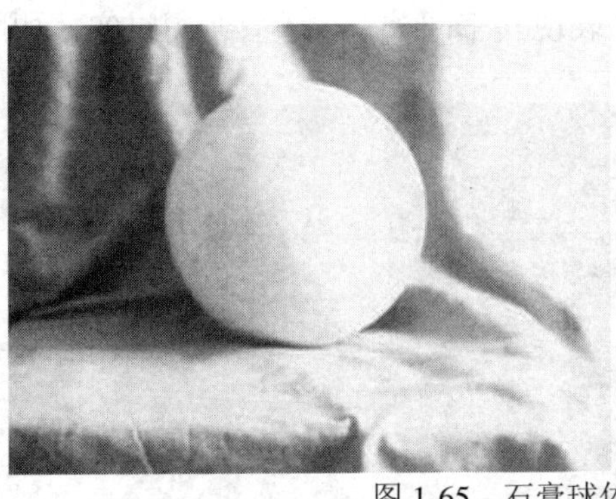 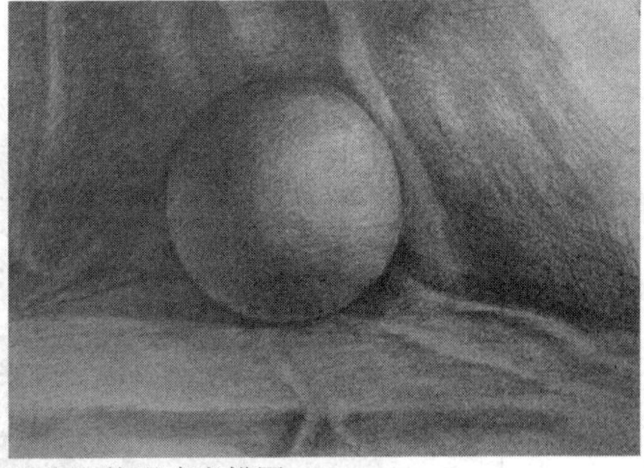<br>图 1-65 石膏球体照片及其明暗素描图<br>具体画法如下：<br>(1) 以正方体入手，十字线用来初步判断圆球体的中心。边缘线不宜画得过死，大致画出基本轮廓，注意不要画得过大或过小。如图 1-66 所示。<br>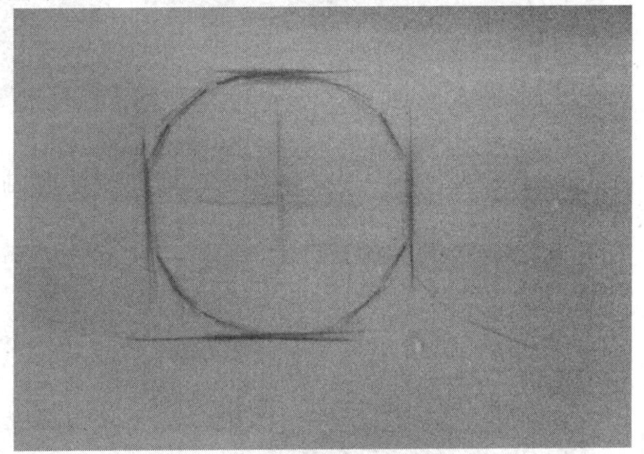<br>图 1-66 球体轮廓线的勾画<br>(2) 树立体积概念，不要停留在圆球体的轮廓线上，整体观察，找出暗部、阴影及衬布的大体位置。如图 1-67 所示。<br>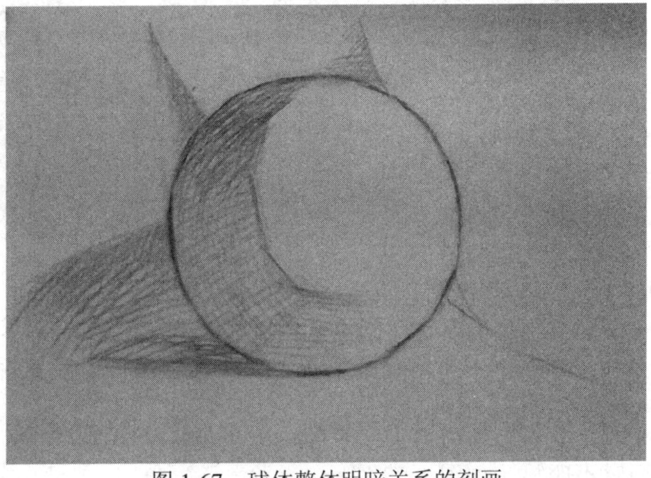<br>图 1-67 球体整体明暗关系的刻画 |
| --- | --- |

| 案例2 石膏球体明暗素描画法 | (3) 调整圆球体的准确度，注意明暗交界线向灰面的过渡变化及暗部的反光阴影处理。背景以衬托圆球体并表现其空间关系，不宜画得过实。如图1-68所示。<br>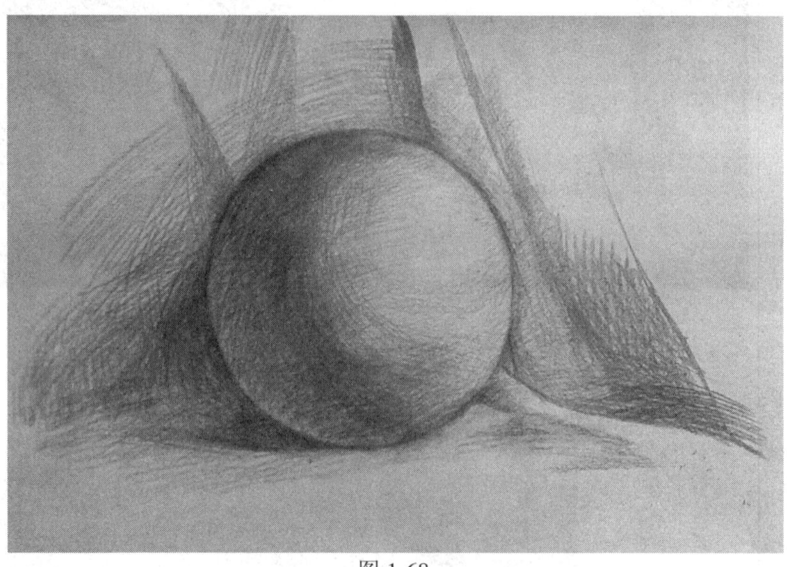<br>图1-68<br>(4) 加强体积感，进一步区分黑、灰、白层次，使画面更加完整。如图1-69所示。<br>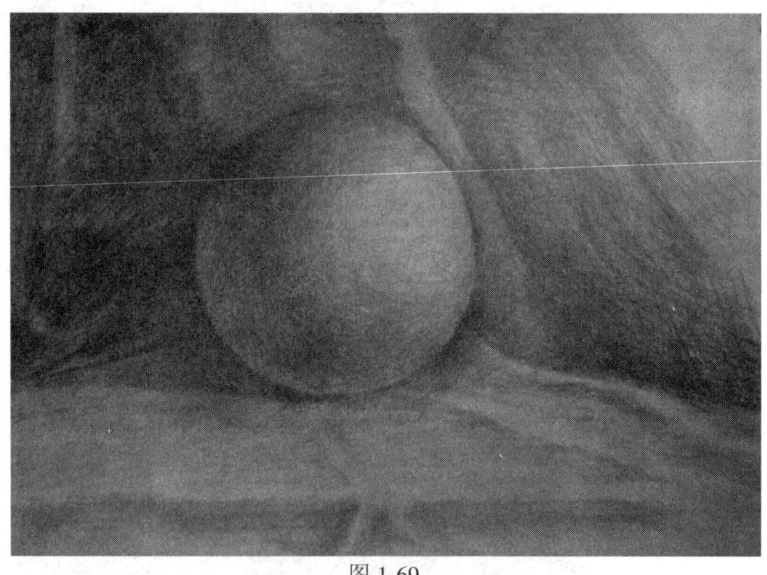<br>图1-69<br>**注意**——初学者常见的毛病<br>• 画面主次不清，球体暗面画得太黑、太实，体积感不强。如图1-70所示。<br>• 画面零散，主体与背景主次不分，球体暗面及反光面的灰度层次处理得不好。如图1-71所示。<br>• 明暗交界线处理得过于生硬，黑、灰、白层次不自然，球体缺乏虚实对比，体积感不明显。如图1-72所示。 |
| --- | --- |

| 案例2 石膏球体明暗素描画法 | 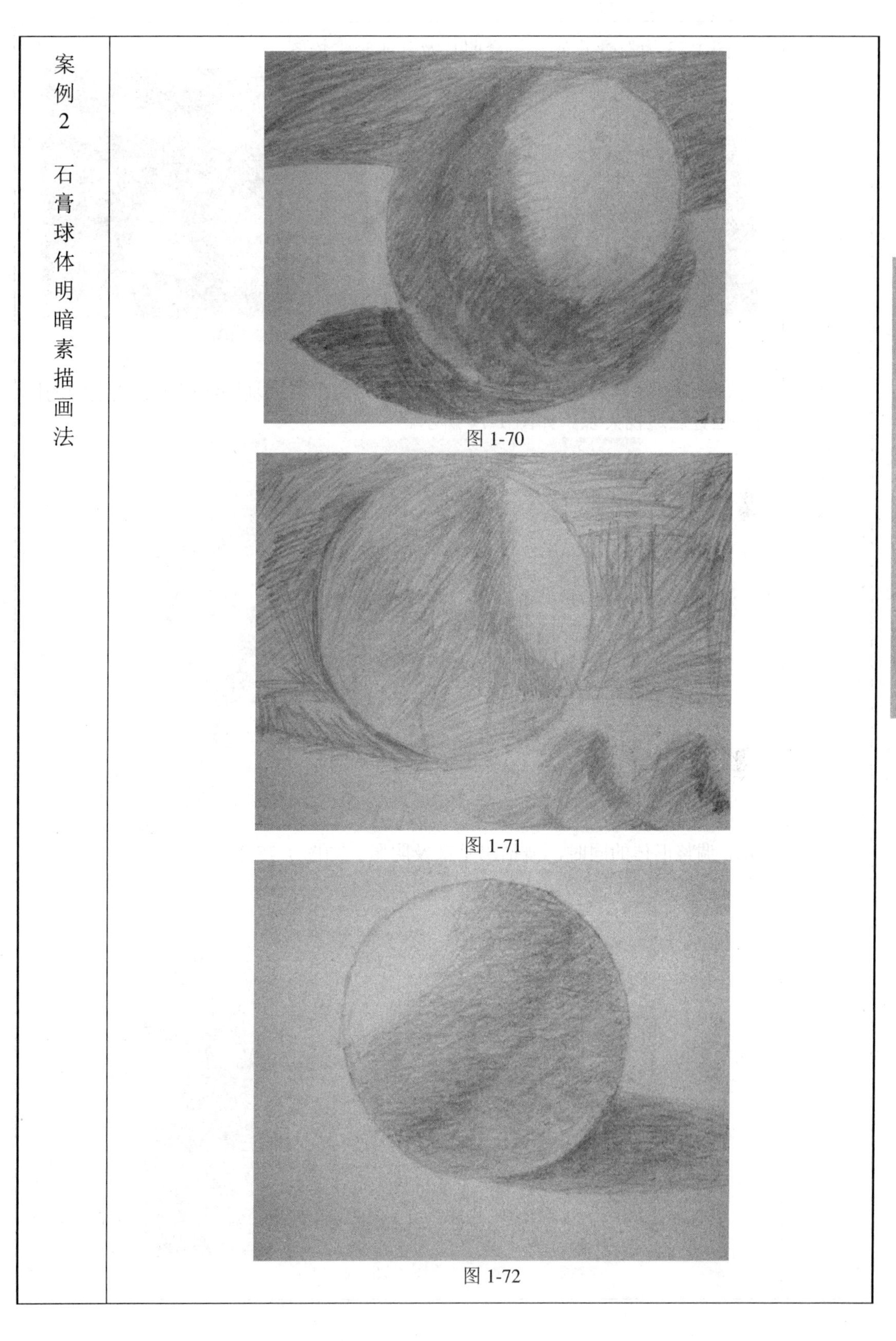 图 1-70 图 1-71 图 1-72 |
| --- | --- |

案例3 石膏几何体组合明暗素描画法

图 1-73 为石膏几何体组合照片及其明暗素描图。

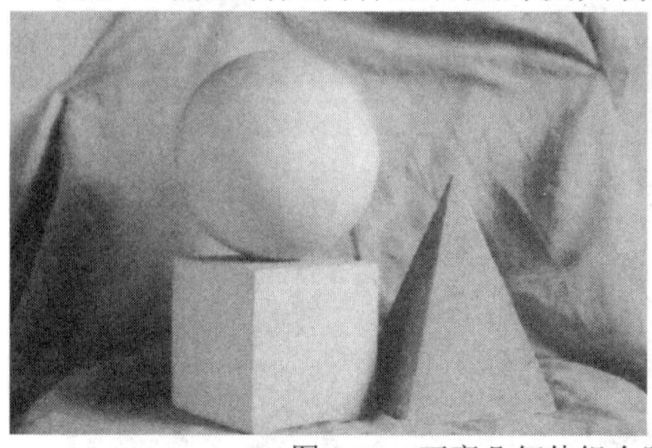

图 1-73　石膏几何体组合照片及其明暗素描图

具体画法如下：

(1) 用直线确定几何体的基本形体，在对比中借助辅助线确定它们之间的比例、位置及透视关系。如图 1-74 所示。

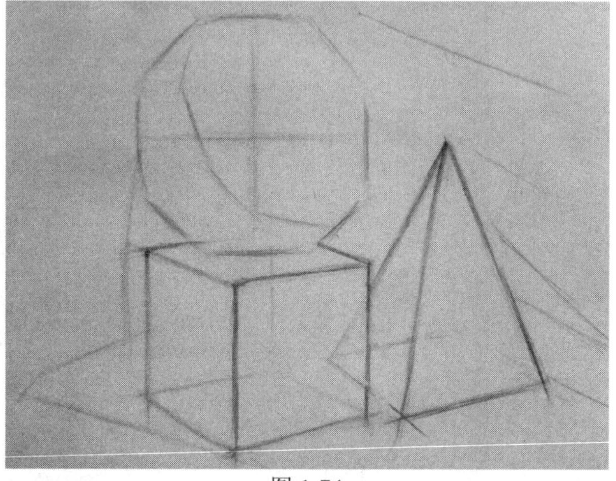

图 1-74

(2) 调整形体的同时，概括出暗部及阴影。如图 1-75 所示。

图 1-75

| 案例3 石膏几何体组合明暗素描画法 | (3) 进一步调整、确定形体的准确度，再次从暗部入手，强调明暗交界线，注意暗部的层次变化。同时，要判断台面、背景与物体之间的虚实关系。如图1-76所示。<br><br>图 1-76<br>(4) 调整画面整体关系，在表现物体前后空间虚实关系的同时，力求表现几何体的体积感及石膏几何体与衬布的质感差异。明确画面黑、灰、白三色画的色调关系，尤其是灰色调。要随时与暗面、亮面进行对比，注意分寸，不可超过暗面，同时也要与亮面拉开层次。如图1-77所示。<br><br>图 1-77　各几何体及背景的虚实关系的调整 |
|---|---|

| 案例4 石膏几何体组合结构素描画法 | 图 1-78 为石膏几何体组合照片及其结构素描图。<br> <br>图 1-78　石膏几何体组合照片及其结构素描图<br>具体画法如下：<br>(1) 观察对象，在画面上定好构图形式，即三角形。如图 1-79 所示。<br>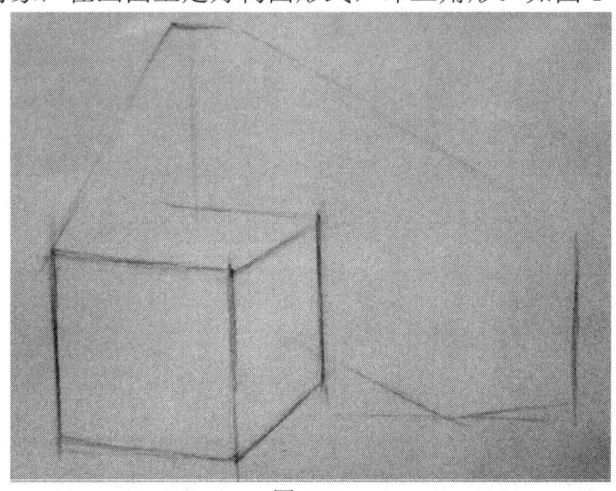<br>图 1-79<br>(2) 定出形体的大致比例，画出物体的内部结构，以此来检查物体的形体和透视准确性。如图 1-80 所示。<br>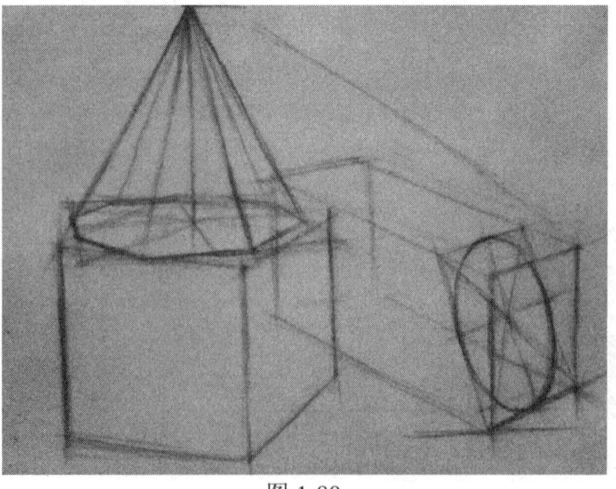<br>图 1-80 |
| --- | --- |

| 案例4 石膏几何体组合结构素描画法 | (3) 保留起稿时的线条，作为辅助线，逐步画出物体的形体起伏变化。如图1-81所示。<br>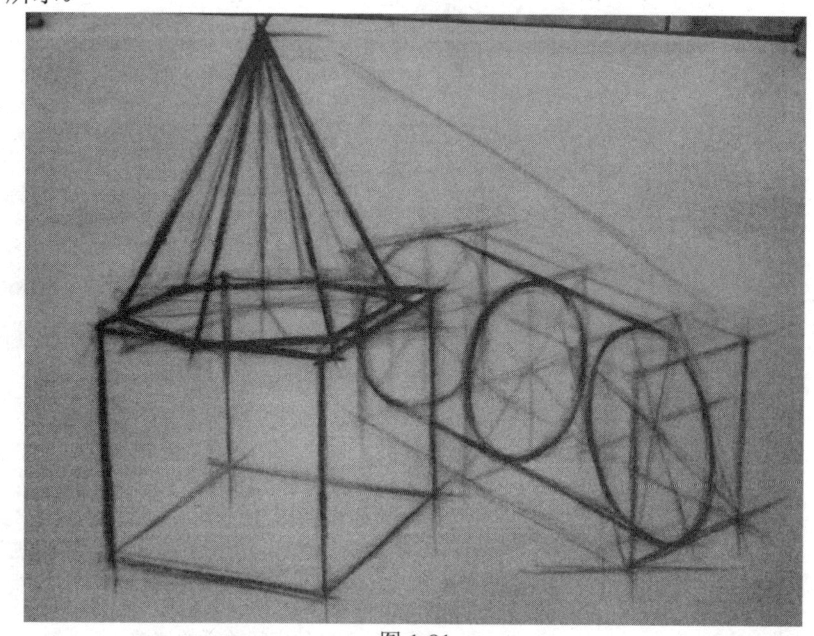<br>图 1-81<br>(4) 用粗线条来表示物体的空间位置，注意线条的虚实变化。画面中主要的地方，可画得实一点，次要的地方可画得虚一点。如图1-82所示。<br>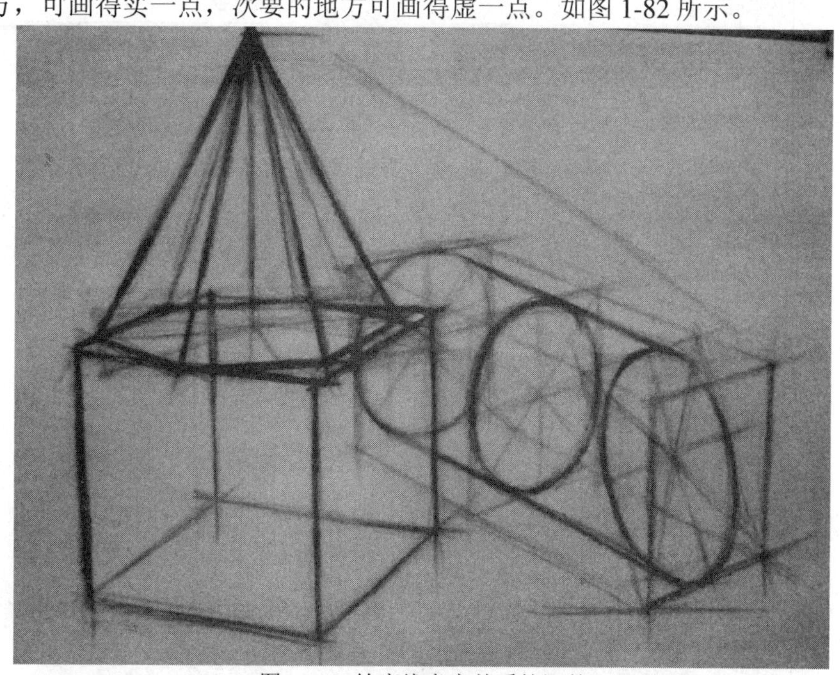<br>图 1-82　轮廓线虚实关系的调整<br>(5) 反复地用线表现形体，直到近似为止。注意线条在空间上比较，以加强空间感。如图1-83所示。 |
| --- | --- |

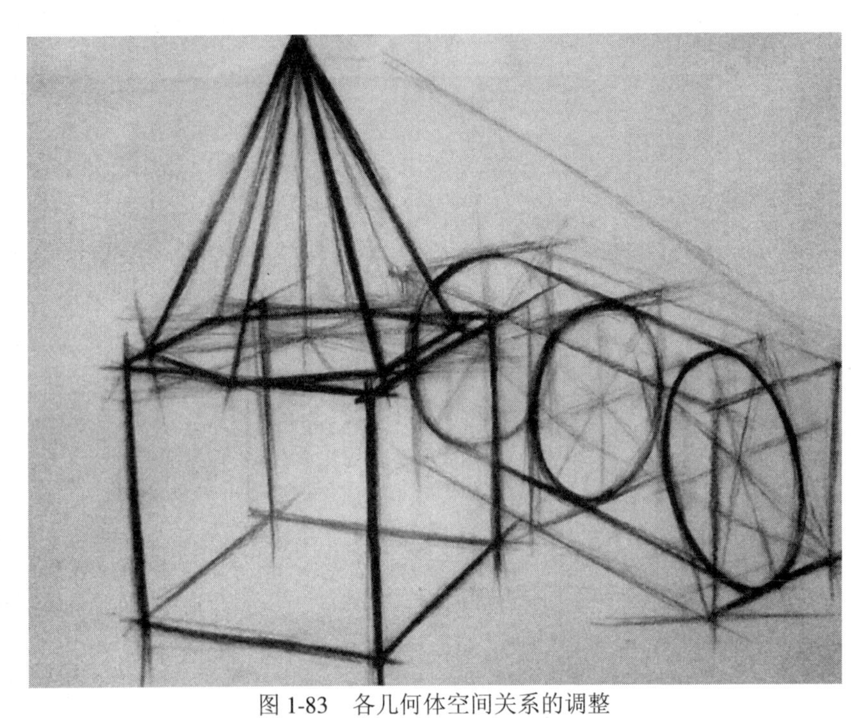

图 1-83　各几何体空间关系的调整

(6) 从整体出发调整画面，使画面更统一协调，主次分明。如图 1-84 所示。

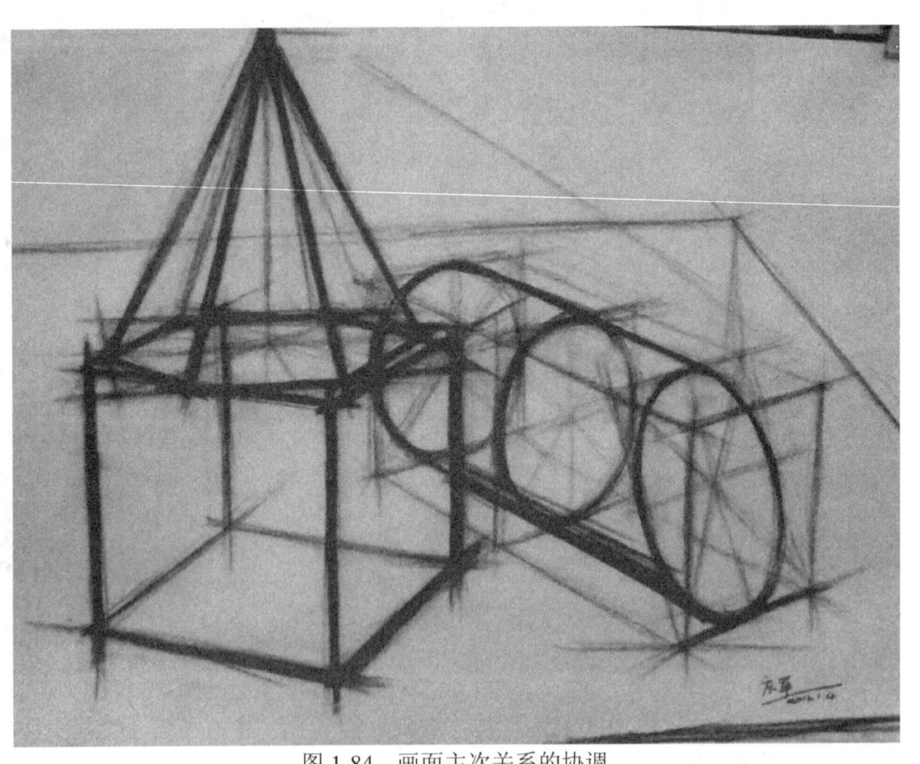

图 1-84　画面主次关系的协调

| 案例5 绘制12色相环 | 按照色相环原理用丙烯颜料(或水粉颜料)绘制12色相环，图1-85给出了绘制12色相环的具体步骤。<br>(1) 绘制圆环并等分12格，如图1-85(a)；<br>(2) 按照120°夹角分别在对应的格子内填涂红、黄、蓝三原色，如图1-85(b)；<br>(3) 取三原色按照约1∶1比例调出橙、绿、紫三种间色，并分别填涂在红黄、黄蓝和蓝红的中间格子内，如图1-85(c)；<br>(4) 根据第(3)步的方法，取红、橙、黄、绿、蓝、紫六种颜色按照约1∶1比例调出红橙、黄橙、黄绿、蓝绿、蓝紫、红紫六种复色，并填涂在相应的格子内，如图1-85(d)。<br>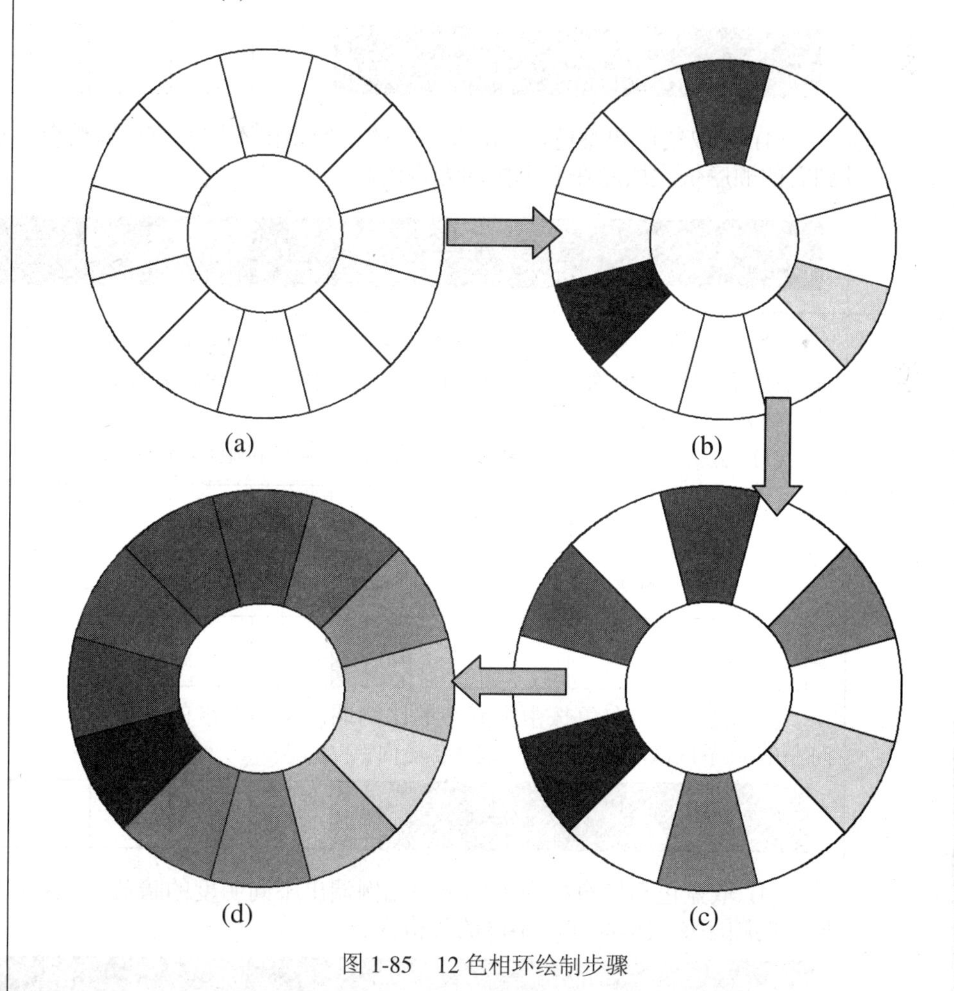<br><br>图1-85　12色相环绘制步骤 |
|---|---|

| | |
| --- | --- |
| 案例6<br>色相推移 | 根据三原色混合配色的方法，在11个矩形方格中绘制对比色的色相推移，如红色到蓝色色相推移。具体步骤如下：<br>(1) 绘制11个大小相等的横向(或纵向)排列的矩形方格； <br>(2) 用丙烯颜料(或水粉颜料)取红色和蓝色两种原色，分别填涂在最两端的方格内，再用红、蓝色按等比调出紫色，填涂在中间的方格内； <br>(3) 取红色和紫色，按由大到小的比例调出不同程度的红紫色，并按从左到右的顺序依次填涂在左半段的方格内；<br>(4) 再取紫色和蓝色，按由大到小的比例调出不同程度的蓝紫色，并按从左到右的顺序依次填涂在右半段的方格内。  |
| 案例7<br>明度推移 | 选择三原色中的一种颜色，然后采用逐渐加白色或加黑色的调色方式，在11个矩形方格中填涂颜色，使该颜色明度由明到暗逐渐变化，形成明度色阶。其具体步骤如下：<br>(1) 绘制11个大小相等的横向(或纵向)排列的矩形方格； 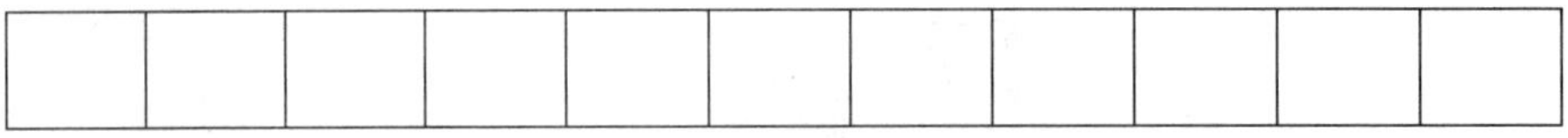<br>(2) 用丙烯颜料(或水粉颜料)取蓝色(或红、黄色)填涂在中间的方格内； <br>(3) 取蓝色和白色按由大到小的比例调出不同明度的亮蓝色，并按照从中间向左的顺序依次填涂在左半段的方格内； <br>(4) 取蓝色和黑色按由大到小的比例调出不同明度的暗蓝色，并按照从中间向右的顺序依次填涂在右半段的方格内。  |

<table>
<tr>
<td>案例8<br>纯度推移</td>
<td>选择三原色中的一种颜色，然后采用逐渐加灰色的调色方式，在 11 个矩形方格中填涂颜色，使该颜色纯度由鲜艳到混浊逐渐变化。其具体步骤如下：<br>(1) 绘制 11 个大小相等的横向(或纵向)排列的矩形方格；<br>(2) 用丙烯颜料(或水粉颜料)取红色(或蓝、黄色)，填涂在最左端的方格内；<br>(3) 取黑色和白色按照约 1∶4 比例调出灰色，并用红色与灰色按由多到少的比例调出不同纯度的红色，并按照从左到右的顺序依次填涂在剩下的 10 个方格内。<br>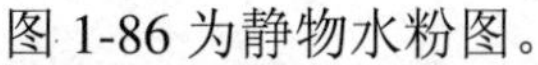</td>
</tr>
<tr>
<td>案例9<br>积木色彩写生(丙烯)</td>
<td>图 1-86 为静物水粉图。<br><br>图 1-86　积木丙烯写生<br>画法如下：<br>(1) 用铅笔画出积木轮廓，确定其大小、比例、位置。如图 1-87 所示。<br>(2) 铺出积木色彩明暗面，注意颜色差别和用笔方法。如图 1-88 所示。<br>(3) 画出积木灰面、亮面、投影和背景，注意颜色、明度、纯度关系。如图 1-89 所示。<br>(4) 调整好背景与积木、积木与积木的空间虚实关系，用白色画准高光，注意环境反光颜色。如图 1-90 所示。<br>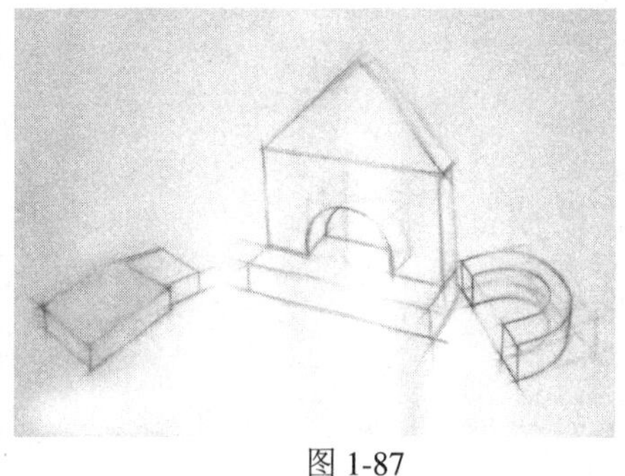<br>图 1-87<br><br>图 1-88</td>
</tr>
</table>

| | |
|---|---|
| 案例9 积木色彩写生(丙烯) |  图 1-89  图 1-90 |
| 案例10 马克笔+色粉效果图绘制 | 如图 1-91 所示为马克笔+色粉效果图。 图 1-91 马克笔+色粉效果图<br>绘制步骤如下：<br>(1) 先用铅笔勾出车的特征线，包括一些阴影的反光轮廓。如图 1-92 所示。 图 1-92 轿车线稿图 |

案例10 马克笔+色粉效果图绘制

(2) 刮出红色色粉，用脱脂棉或纸巾涂抹车身，注意根据光影关系进行深浅过渡。另外，再刮出蓝色色粉涂抹车身左侧，表现左侧背景的环境反光，注意反光和物体固有色之间的关系。如图1-93所示。

图1-93 色粉铺色

(3) 用红色马克笔R11(较深)和R7(较浅)涂抹车身固有色，注意深浅过渡及光影效果，要灵活运用面和线条上色，适当留白。如图1-94所示。

图1-94 车身固有色的绘制

(4) 用红色马克笔R12(较深)继续深入表现红色车身的明暗关系，强化立体感。如图1-95所示。

图1-95 车身明暗关系的加强

(5) 用灰色马克笔 CG1(较浅)和 CG3(较深)表现车窗、车灯、进气栅格、车轮和投影部分的明暗关系。如图 1-96 所示。

图 1-96　局部明暗关系的表现

(6) 用灰色马克笔 CG5(较深)进一步刻画车窗、进气栅格、车轮和投影的暗部区域。如图 1-97 所示。

图 1-97　局部明暗关系的加强

(7) 用灰色马克笔 CG1(较浅)和 CG3(较深)细致刻画车轮结构的明暗关系。如图 1-98 所示。

图 1-98　车轮明暗关系的刻画

| 案例10 马克笔+色粉效果图绘制 | (8) 用黑色马克笔120进一步强调暗部区域，增强立体感，再用黑色签字笔勾出车身轮廓。勾画轮廓时可先用直尺和曲线尺等工具，以保证线条的流畅准确，再用蓝色色粉涂抹左侧作为背景，注意要均匀过渡。如图1-99所示。<br><br>图1-99　暗部区域的加强<br>(9) 用白色高光笔勾出车身、车灯的高光和左侧反光，注意高光面积不宜过大，高光线应顺着车身结构轮廓线来画，尽可能表现出流畅、灵动的高光效果。如图1-100所示。<br><br>图1-100　高光和反光区域的勾画 |
|---|---|

| | |
|---|---|
| 案例10 马克笔+色粉效果图绘制 | (10) 再次对比和调整车身各部位的明暗关系，最后在右下方签上姓名和日期，完成绘图。如图 1-101 所示。<br><br>图 1-101　马克笔+色粉效果图 |
| 案例11 拼装(积木)玩具外型设计方案 | 1. 设计要求<br>设计一款适合 3～6 岁儿童的汉诺塔式积木玩具的外型及结构，要求形状结构有创新但不要太复杂，色彩搭配有吸引力，玩具对儿童具有一定的益智和教育作用。<br>2. 调研资讯<br>市场已有的相关产品图片资料及分析如图 1-102～图 1-107 所示。<br><br>图 1-102　传统式原木纹三柱汉诺塔<br><br>图 1-103　可让儿童认知色彩的彩环汉诺塔<br><br>图 1-104　造型更圆润可爱的彩环汉诺塔 |

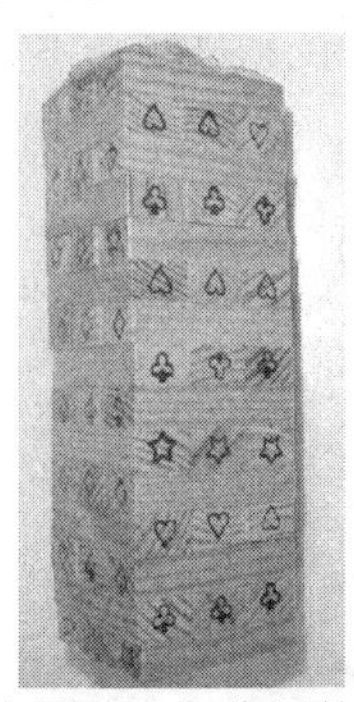

图 1-105 具有图形认知作用的原木纹积木塔

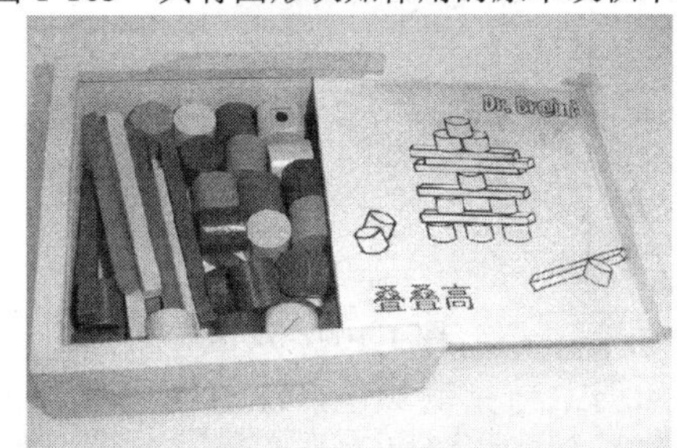


图 1-106 具有动手和智力要求的彩色叠叠高积木

图 1-107 形状和色彩更丰富且堆叠方式更多样的三柱汉诺塔

3. 草图构思

图 1-108 为汉诺塔积木的构思草图。

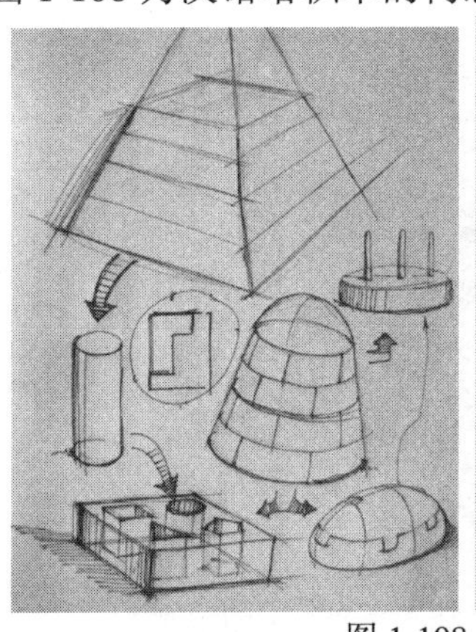

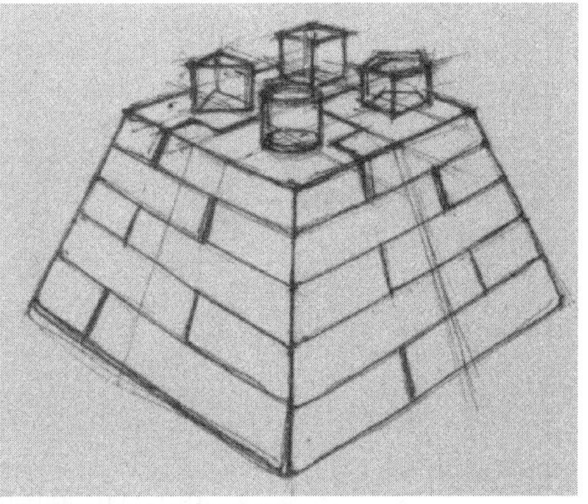

图 1-108 汉诺塔积木的构思草图

4. 概念主题

堆叠和插槽式拼装、彩色分层、塔式造型，具有智力训练功能。

5. 效果图绘制

(1) 根据构思草图绘制好线稿，如图 1-109 所示；

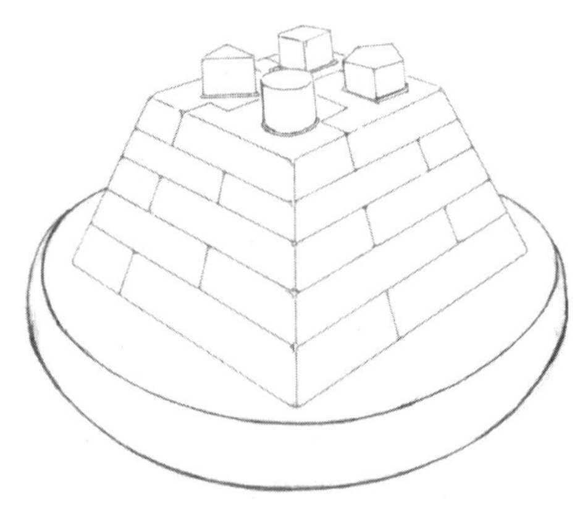

图 1-109 汉诺塔积木设计线稿图

(2) 给暗面铺上马克笔颜色，注意留出反光位置，如图 1-110 所示；

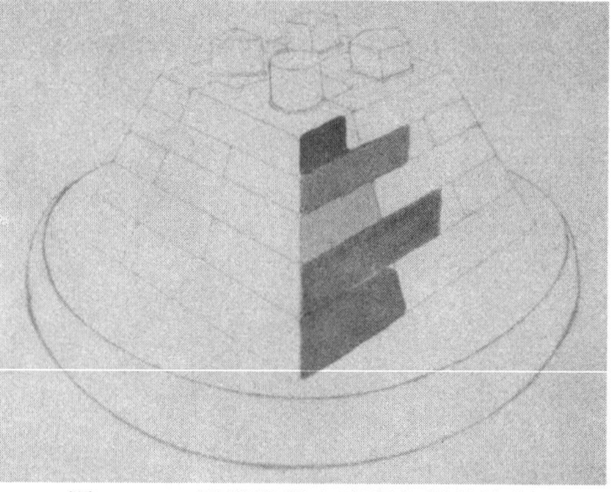

图 1-110 汉诺塔积木暗面色彩的绘制

(3) 给亮面和反光面铺上色相相同或相近的色粉，注意色彩浓淡的均匀过渡以体现明暗的变化，如图 1-111 所示；

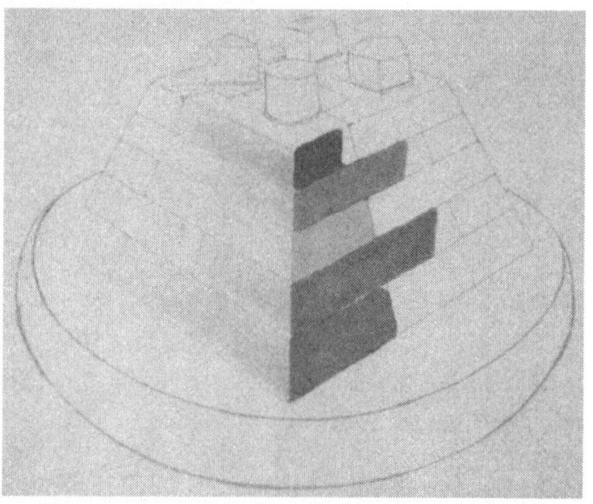

图 1-111 汉诺塔积木亮面色彩的绘制

(4) 用色相相同的马克笔画出每块积木亮面的下部，并用细黑色签字笔或针管笔(0.5 mm)勾出积木的阴影线，增强立体层次感，如图 1-112(a)所示；

(5) 用高光笔或细涂改笔勾出积木的高光线(每块积木的上边缘)，如图 1-112(b)所示；

(6) 用马克笔在每块积木的反光部分增加几笔疏密变化的竖直线条，增强反光的光影效果，如图 1-112(c)所示；

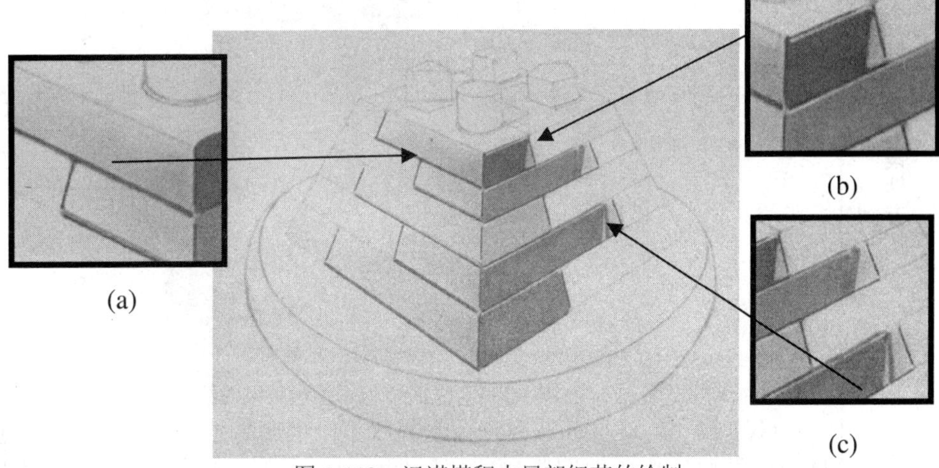


图 1-112 汉诺塔积木局部细节的绘制

(7) 用与上面相同的方法绘制好其他的积木块，注意明暗的变化和光影的效果，如图 1-113 所示；

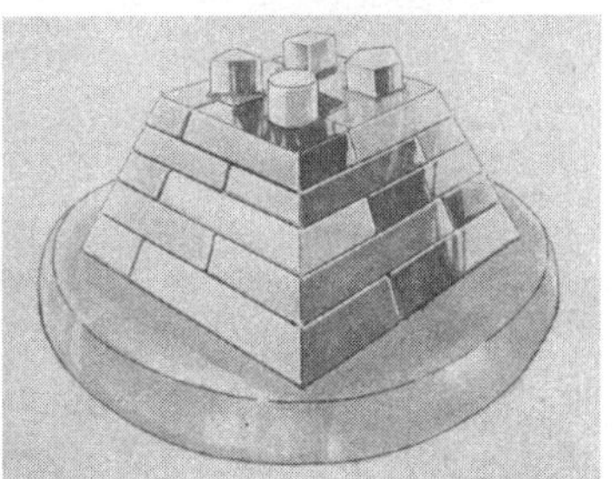

图 1-113 汉诺塔积木整体效果的绘制

(8) 在底座上绘制积木块的倒影效果，注意倒影成像的原理，如图 1-114 所示。

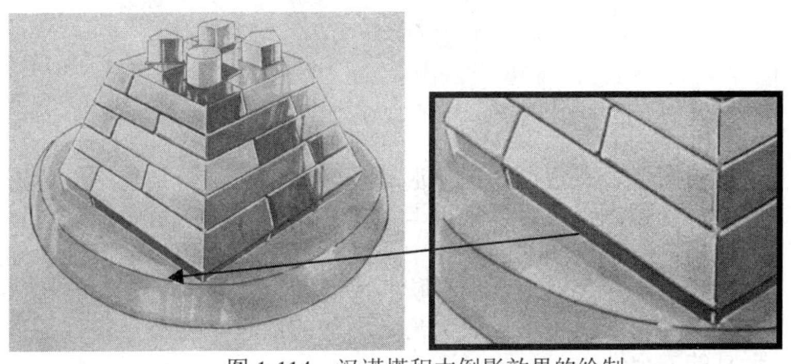

图 1-114 汉诺塔积木倒影效果的绘制

案例11　拼装(积木)玩具外型设计方案

(9) 用灰色马克笔根据光源方向给积木加上阴影，注意阴影部分的明暗层次变化，然后在积木后部轻轻画两条水平线，用来作为背景的界线，如图 1-115 所示；

图 1-115　汉诺塔积木投影效果的绘制

(10) 用不同深度的灰色在背景界线里画出明暗不同、疏密变化的竖直线(竖直线的方向可作适当的倾斜变化以增强活泼感)作为背景以衬托积木的色彩效果，并在画面右下角签写主题、设计者姓名和日期，如图 1-116 所示。

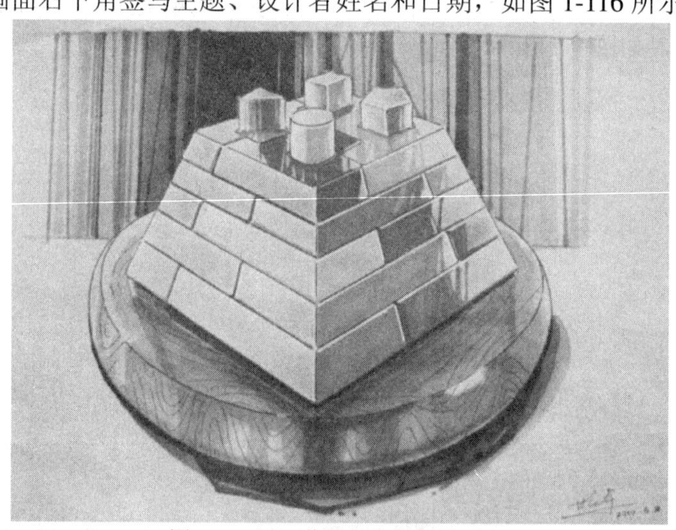

图 1-116　汉诺塔积木背景的绘制

6. 设计说明

用圆形、三角形、正方形和正五边形立柱分别与不同色彩的积木模块相对应，每个积木模块可以根据卡槽拼接牢固，按照堆叠原理可以砌成四棱台状的彩色塔。在堆砌积木的过程中，儿童既可获得快乐，又能认知简单形状，分辨大小和色彩，并训练了手与脑的协调能力，特别适合学前儿童(2～6 岁)使用。设计中考虑了对积木模块尖角、利边的处理，避免小零件部件的产生，增强了玩具的安全性。

## 五、工作(项目)练习单

| 专业学习领域 | | 玩具外型设计与制作 | 总学时 | 112 |
|---|---|---|---|---|
| 学习情境 1 | | 拼装(积木)玩具设计与表达 | 学时 | 32 |
| 序号 | 练 习 内 容 | 评分 | 评审签名 | 日期 |
| 1 | 石膏立方体明暗素描 | | | |
| 2 | 石膏球体明暗素描 | | | |
| 3 | 石膏几何体组合明暗素描 | | | |
| 4 | 石膏几何体组合结构素描 | | | |
| 5 | 拼装(积木)玩具产品结构素描 | | | |
| 6 | 色相环绘制 | | | |
| 7 | 色相、明度、纯度推移训练 | | | |
| 8 | 拼装(积木)玩具色彩写生 | | | |
| 9 | 拼装(积木)玩具马克笔＋色粉效果图绘制 | | | |
| | | | | |
| | | | | |
| | | | | |

## 六、工作(项目)计划单

<table>
<tr><td colspan="2">专业学习领域</td><td colspan="2">玩具外型设计与制作</td><td>总学时</td><td>112</td></tr>
<tr><td colspan="2">学习情境 1</td><td colspan="2">拼装(积木)玩具设计与表达</td><td>学时</td><td>32</td></tr>
<tr><td>序号</td><td colspan="2">工作流程(步骤)</td><td>预计时间</td><td>工作环境</td><td>使用资源</td></tr>
<tr><td>1</td><td colspan="2"></td><td></td><td></td><td></td></tr>
<tr><td>2</td><td colspan="2"></td><td></td><td></td><td></td></tr>
<tr><td>3</td><td colspan="2"></td><td></td><td></td><td></td></tr>
<tr><td>4</td><td colspan="2"></td><td></td><td></td><td></td></tr>
<tr><td>5</td><td colspan="2"></td><td></td><td></td><td></td></tr>
<tr><td>6</td><td colspan="2"></td><td></td><td></td><td></td></tr>
<tr><td rowspan="3">计划评价</td><td>班　级</td><td></td><td>第　组</td><td>组长签名</td><td></td></tr>
<tr><td>教师签名</td><td colspan="2"></td><td>日　期</td><td></td></tr>
<tr><td colspan="5">评语：</td></tr>
</table>

## 七、工作(项目)任务分配单

| 专业学习领域 | 玩具外型设计与制作 | | 总学时 | 112 |
|---|---|---|---|---|
| 学习情境1 | 拼装(积木)玩具设计与表达 | | 学时 | 32 |

| 姓　名 | 班级 | 学号 | 任 务 分 配 | 备注 |
|---|---|---|---|---|
| | | | | |
| | | | | |
| | | | | |
| | | | | |
| | | | | |
| | | | | |
| | | | | |
| | | | | |

任务分配说明：

| 班　　级 | | 第　组 | 组长签名 | |
|---|---|---|---|---|
| 教师签名 | | | 日　　期 | |

## 八、工作(项目)决策单

<table>
<tr><td>专业学习领域</td><td colspan="4">玩具外型设计与制作</td><td>总学时</td><td colspan="2">112</td></tr>
<tr><td>学习情境 1</td><td colspan="4">拼装(积木)玩具设计与表达</td><td>学时</td><td colspan="2">32</td></tr>
<tr><td colspan="8">方 案 对 比 评 价</td></tr>
<tr><td>评价要素<br>草案名称</td><td>消费对象</td><td>主题概念</td><td>造型元素</td><td>色彩效果</td><td>结构设计的合理性、巧妙性</td><td>教育性</td><td>综合评价</td></tr>
<tr><td></td><td></td><td></td><td></td><td></td><td></td><td></td><td></td></tr>
<tr><td></td><td></td><td></td><td></td><td></td><td></td><td></td><td></td></tr>
<tr><td></td><td></td><td></td><td></td><td></td><td></td><td></td><td></td></tr>
<tr><td colspan="8">方 案 修 改 意 见</td></tr>
<tr><td colspan="8">方案修改说明：</td></tr>
<tr><td colspan="8">方 案 决 策</td></tr>
<tr><td colspan="8">方案决策说明：</td></tr>
<tr><td>班　级</td><td colspan="3"></td><td>第　组</td><td>组长签名</td><td colspan="2"></td></tr>
<tr><td>教师签名</td><td colspan="4"></td><td>日　期</td><td colspan="2"></td></tr>
</table>

## 九、工作(项目)材料工具清单

<table>
<tr><td colspan="2">专业学习领域</td><td colspan="3">玩具外型设计与制作</td><td colspan="2">总学时</td><td>112</td></tr>
<tr><td colspan="2">学习情境 1</td><td colspan="3">拼装(积木)玩具设计与表达</td><td colspan="2">学时</td><td>32</td></tr>
<tr><td>项目</td><td>序号</td><td>名　称</td><td>型号(规格)</td><td>作　　用</td><td>数量</td><td>使用前</td><td>使用后</td></tr>
<tr><td rowspan="8">所用材料</td><td>1</td><td></td><td></td><td></td><td></td><td></td><td></td></tr>
<tr><td>2</td><td></td><td></td><td></td><td></td><td></td><td></td></tr>
<tr><td>3</td><td></td><td></td><td></td><td></td><td></td><td></td></tr>
<tr><td>4</td><td></td><td></td><td></td><td></td><td></td><td></td></tr>
<tr><td>5</td><td></td><td></td><td></td><td></td><td></td><td></td></tr>
<tr><td>6</td><td></td><td></td><td></td><td></td><td></td><td></td></tr>
<tr><td>7</td><td></td><td></td><td></td><td></td><td></td><td></td></tr>
<tr><td>8</td><td></td><td></td><td></td><td></td><td></td><td></td></tr>
<tr><td rowspan="14">所用工具</td><td>1</td><td></td><td></td><td></td><td></td><td></td><td></td></tr>
<tr><td>2</td><td></td><td></td><td></td><td></td><td></td><td></td></tr>
<tr><td>3</td><td></td><td></td><td></td><td></td><td></td><td></td></tr>
<tr><td>4</td><td></td><td></td><td></td><td></td><td></td><td></td></tr>
<tr><td>5</td><td></td><td></td><td></td><td></td><td></td><td></td></tr>
<tr><td>6</td><td></td><td></td><td></td><td></td><td></td><td></td></tr>
<tr><td>7</td><td></td><td></td><td></td><td></td><td></td><td></td></tr>
<tr><td>8</td><td></td><td></td><td></td><td></td><td></td><td></td></tr>
<tr><td>9</td><td></td><td></td><td></td><td></td><td></td><td></td></tr>
<tr><td>10</td><td></td><td></td><td></td><td></td><td></td><td></td></tr>
<tr><td>11</td><td></td><td></td><td></td><td></td><td></td><td></td></tr>
<tr><td>12</td><td></td><td></td><td></td><td></td><td></td><td></td></tr>
<tr><td>13</td><td></td><td></td><td></td><td></td><td></td><td></td></tr>
<tr><td>14</td><td></td><td></td><td></td><td></td><td></td><td></td></tr>
</table>

<table>
<tr><td>班　　级</td><td></td><td>第　　组</td><td>组长签名</td><td></td></tr>
<tr><td>教师签名</td><td colspan="2"></td><td>日　　期</td><td></td></tr>
</table>

## 十、工作(项目)实施检查单

<table>
<tr><td colspan="2">专业学习领域</td><td colspan="3">玩具外型设计与制作</td><td>总学时</td><td>112</td></tr>
<tr><td colspan="2">学习情境 1</td><td colspan="3">拼装(积木)玩具设计与表达</td><td>学时</td><td>32</td></tr>
<tr><td>序号</td><td>工作流程</td><td>工作环境</td><td>预计所需时间</td><td>实际完成时间</td><td colspan="2">工作过程中遇到的问题及解决方法</td></tr>
<tr><td></td><td></td><td></td><td></td><td></td><td colspan="2"></td></tr>
<tr><td></td><td></td><td></td><td></td><td></td><td colspan="2"></td></tr>
<tr><td></td><td></td><td></td><td></td><td></td><td colspan="2"></td></tr>
<tr><td></td><td></td><td></td><td></td><td></td><td colspan="2"></td></tr>
<tr><td></td><td></td><td></td><td></td><td></td><td colspan="2"></td></tr>
<tr><td></td><td></td><td></td><td></td><td></td><td colspan="2"></td></tr>
<tr><td></td><td></td><td></td><td></td><td></td><td colspan="2"></td></tr>
<tr><td colspan="7">实施情况说明：</td></tr>
<tr><td colspan="2">班　　级</td><td></td><td colspan="2">第　　组</td><td>组长签名</td><td></td></tr>
<tr><td colspan="2">教师签名</td><td colspan="3"></td><td>日　　期</td><td></td></tr>
</table>

## 十一、工作(项目)评价单

<table>
<tr><td colspan="3">专业学习领域</td><td>玩具外型设计与制作</td><td>总学时</td><td colspan="2">112</td></tr>
<tr><td colspan="3">学习情境 1</td><td>拼装(积木)玩具设计与表达</td><td>学时</td><td colspan="2">32</td></tr>
<tr><td colspan="7">姓名： 性别： 班级： 学号：</td></tr>
<tr><td colspan="3">评 价 项 目</td><td>评 分 标 准</td><td>自评分</td><td>小组评分</td><td>教师评分</td></tr>
<tr><td colspan="2" rowspan="3">工作成果评分(50 分)</td><td>创意(10 分)</td><td>创意新颖、构思巧妙，符合人机工程学、环保安全以及工艺要求，具有市场前景。</td><td></td><td></td><td></td></tr>
<tr><td>设计素描(15 分)</td><td>透视正确，形状比例准确，结构稳定扎实，虚实结合，重点突出，画面富有表现力。</td><td></td><td></td><td></td></tr>
<tr><td>效果图(25 分)</td><td>形状比例准确，色彩搭配合理，明暗关系得当，虚实结合，立体感强，画面精美，视觉效果强。</td><td></td><td></td><td></td></tr>
<tr><td rowspan="12">工作过程与展示汇报能力评分(15 分)</td><td rowspan="4">方法能力(5 分)</td><td>信息资讯(1 分)</td><td>善于查阅资料、搜集信息，归纳分析相关情况。</td><td></td><td></td><td></td></tr>
<tr><td>自主学习(1.5 分)</td><td>主动学习新知识、新技术，具有良好的学习能力。</td><td></td><td></td><td></td></tr>
<tr><td>勤学苦练(1.5 分)</td><td>能够勤奋、认真地完成各项作业，课后能主动巩固练习。</td><td></td><td></td><td></td></tr>
<tr><td>总结反思(1 分)</td><td>善于总结、收获、反思经验教训。</td><td></td><td></td><td></td></tr>
<tr><td rowspan="4">社会能力(5 分)</td><td>交流沟通(1 分)</td><td>善于与教师、同学交流经验。</td><td></td><td></td><td></td></tr>
<tr><td>言语表达(1 分)</td><td>语言表达流利、准确。</td><td></td><td></td><td></td></tr>
<tr><td>团队协作(1.5 分)</td><td>团队分工合理，能相互协作完成工作。</td><td></td><td></td><td></td></tr>
<tr><td>环保安全(1.5 分)</td><td>具有良好的环保、卫生和安全意识，能正确、规范地操作仪器设备。</td><td></td><td></td><td></td></tr>
<tr><td rowspan="4">个人能力(5 分)</td><td>自信(1 分)</td><td>对学习充满信心，遇到困难不退缩，不气馁。</td><td></td><td></td><td></td></tr>
<tr><td>兴趣(1 分)</td><td>主动培养专业学习兴趣。</td><td></td><td></td><td></td></tr>
<tr><td>认真(1.5 分)</td><td>做事认真，注重质量和效果。</td><td></td><td></td><td></td></tr>
<tr><td>创新(1.5 分)</td><td>思维灵活，具有创新精神。</td><td></td><td></td><td></td></tr>
<tr><td colspan="3">纪律考勤评分(15 分)</td><td>迟到 1 次扣 2 分，旷课 1 次扣 5 分，直到扣完该项分数为止。</td><td></td><td></td><td></td></tr>
<tr><td colspan="3">平时作业评分(20 分)</td><td>平时作业按优、良、中、及格、差(或缺交)五个等级分别转换为百分制的 95、85、75、65、0 分，该项分数为所有平时作业的平均分。</td><td></td><td></td><td></td></tr>
<tr><td colspan="4">合 计</td><td></td><td></td><td></td></tr>
<tr><td colspan="4">总评 = (教师评分 × 80% + 小组评分 × 10% + 自评分×10%)</td><td colspan="3"></td></tr>
<tr><td>班 级</td><td colspan="2"></td><td>第 组</td><td>组长签名</td><td colspan="2"></td></tr>
<tr><td>教师签名</td><td colspan="3"></td><td>日 期</td><td colspan="2"></td></tr>
</table>

# 学习情境 2

## 节日主题(布绒)玩具外型设计与制作

## 一、工作(项目)任务单

| 专业学习领域 | 玩具外型设计与制作 | 总学时 | 112 |
| --- | --- | --- | --- |
| 学习情境 2 | 节日主题(布绒)玩具外型设计与制作 | 学时 | 24 |
| 任务描述 | 学生以 5 至 6 人为小组搜集相关市场信息和图片资料，设计一款节日主题(布绒)玩具，绘制彩铅＋色粉效果图，并制作布绒玩具开片样板，最后对所设计的作品进行展示和答辩。 | | |
| 具体任务 | 1. 熟悉主题玩具产品市场信息；<br>2. 速写布绒玩具产品外型；<br>3. 设计布绒玩具产品色彩；<br>4. 根据节日主题设计布绒玩具外型，绘制效果图；<br>5. 制作节日主题(布绒)玩具开片样板；<br>6. 展示汇报设计成果。 | | |
| 学习目标 | 1. 学会搜集、分析节日主题玩具产品信息；<br>2. 掌握玩具速写的基本技法；<br>3. 掌握主题玩具产品色彩设计方法；<br>4. 掌握手绘主题(布绒)玩具产品手绘彩铅效果图技法；<br>5. 运用创新思维和文化艺术内涵设计主题(布绒)玩具外型；<br>6. 掌握布绒玩具的手工开片剪裁和车缝工艺；<br>7. 勤于动手实践，团队合作，节约环保，培养一定的艺术、文化涵养。 | | |
| 资讯材料 | 1. 李珠志，卢飞跃，甘庆军. 玩具造型设计[M]. 北京：化学工业出版社.<br>2. 中国就业培训指导中心，中国玩具协会. 国家职业资格培训教程：玩具设计师(基础知识)[M]. 北京：中国劳动社会保障出版社.<br>3. 徐凌志. 现代布绒玩具设计[M]. 南京：南京出版社.<br>4. 刘临. 动画速写基础[M]. 北京：清华大学出版社.<br>5. 关阳，张玉江. 设计素描[M]. 北京：机械工业出版社.<br>6. (日)清水吉治. 产品设计效果图技法[M]. 北京：北京理工大学出版社.<br>7. 劳动和社会保障部教材办公室. 布绒玩具制作技术[M]. 北京：中国劳动社会保障出版社. | | |

| 学习安排 | | | | |
| --- | --- | --- | --- | --- |
| 学习步骤 | 阶段 | 工作过程 | 微观教学法建议 | 学时 |
| | 资讯 | 教师行为：介绍主题玩具和布绒玩具产品的类型与特点，布置项目任务，下发任务单，讲解色彩冷暖与情感。<br>学生行为：收集节日主题玩具产品的信息资源，明确工作任务，练习布绒玩具速写、色彩冷暖对比。 | 讲授法<br>演示法<br>实践法 | 6 |
| | 计划 | 学生行为：小组讨论节日主题(布绒)玩具的外型形态及色彩设计方案，绘制其设计速写图，填写工作计划单、制作工具/材料单及工作任务分配单。<br>教师行为：组织小组讨论，观察学生的学习和工作表现，解答学生疑问，讲解联想、类比、比例与尺度的外型设计方法。 | 小组讨论法<br>头脑风暴法 | 4 |
| | 决策 | 学生行为：设计方案与工作计划汇报，修改设计方案和工作计划，填写工作决策单。<br>教师行为：组织学生进行方案汇报答辩，对学生的设计方案和工作计划提出修改建议。 | 小组讨论法 | 4 |
| | 实施 | 学生行为：绘制节日主题(布绒)玩具的彩铅＋色粉效果图，制作其开片样板。<br>教师行为：讲解布绒玩具外型样板开片及车缝工艺，辅导学生绘制效果图和制作样板，强调制作的精美性，观察学生的学习和工作表现。 | 四步教学法<br>讲授法 | 6 |
| | 检查 | 学生行为：对项目完成的情况进行自我检查和反思，修改不足之处，填写工作自查表，制作项目汇报 PPT。<br>教师行为：检查学生项目完成的情况，并提出修改意见和建议，解答学生疑问。 | 引导法 | 2 |
| | 评估 | 学生行为：进行项目成果汇报答辩，总结在此学习情境中的收获与体会，评价自己的表现，填写工作评价单和教学反馈单。<br>教师行为：组织项目成果汇报答辩，总结和评价学生在此学习情境中的表现，填写工作评价单。 | 多媒体<br>演示法 | 2 |

## 二、工作(项目)资讯单

| 专业学习领域 | 玩具外型设计与制作 | 总学时 | 112 |
| --- | --- | --- | --- |
| 学习情境 2 | 节日主题(布绒)玩具外型设计与制作 | 学时 | 24 |
| 资讯问题 | 1. 什么是主题玩具？主题玩具可以分为几类？<br>2. 布绒玩具有何特点？目前布绒玩具的市场状况如何？<br>3. 有哪些节日可以设计相关的主题布绒玩具？这些节日主题(布绒)玩具在外形和色彩上有何特点？请收集相关图片。<br>4. 什么是速写？速写的要点是什么？<br>5. 彩铅绘图的特点是什么？如何用彩铅去表现布绒的肌理效果？<br>6. 什么是联想、类比、比例与尺度？在设计节日主题(布绒)玩具时如何应用这些设计方法？<br>7. 在设计节日主题(布绒)玩具时，针对不同的节日应选取什么色彩作为主色调？其他色彩应该如何搭配？<br>8. 布绒玩具的手工开片剪裁有哪些方法？步骤如何？要注意什么问题？<br>9. 布绒玩具的缝制顺序是怎样的？常用的工艺抽针方法有哪些？ | | |
| 资讯引导 | 针对上述 9 个资讯问题，请参考下面对应序号后的资讯：<br>1. 参见工作(项目)信息单 2.1 及资讯材料 2；<br>2. 参见工作(项目)信息单 2.1 及资讯材料 2、3；<br>3. 参见工作(项目)信息单 2.1、2.3 及资讯材料 2；<br>4. 参见工作(项目)信息单 2.4 及资讯材料 4、5；<br>5. 参见工作(项目)信息单 2.5、资讯材料 1 及案例 1；<br>6. 参见工作(项目)信息单 2.6 及资讯材料 1；<br>7. 参见工作(项目)信息单 2.3 及资讯材料 2；<br>8. 参见资讯材料 3、7；<br>9. 参见资讯材料 3、7。 | | |

## 三、工作(项目)信息单

| 专业学习领域 | 玩具外型设计与制作 | 总学时 | 112 |
|---|---|---|---|
| 学习情境 2 | 节日主题(布绒)玩具外型设计与制作 | 学时 | 24 |
| 序号 | 信 息 内 容 | | |
| 2.1<br>主题玩具的类型及特点 | 玩具主题是指玩具通过形状、色彩、功能、材质等载体所反映出的某一种思想政治、社会背景、科学技术、文学艺术、风俗习惯、潮流趋势等文化内涵和精神特色。一件好的玩具作品需要创设一个鲜明、独特的主题，才能脱颖而出。主题的本质是差异化的文化内涵，玩具主题是通过塑造一个与众不同的形象，并使其富有一定的文化和精神内涵，蕴藏丰富的文化特色，以明显区别于其他产品，进而使消费者偏爱自己的产品。所以，寻找文化、设计文化应是设计玩具主题的最重要内容。<br>主题玩具具有特色鲜明、浓厚的文化内涵以及高利润、高风险的特点。玩具应围绕主题内涵开展形式、结构、功能等各方面的设计，追求玩具内在的文化含量和文化底蕴，从而获得更高层次的竞争力。虽然主题玩具因面对个性化的消费对象、消费群体小而存在高风险，但它对消费者偏好的垄断又使其能获得高的市场利润。<br>根据玩具主题的内容，目前市场上主题玩具的类型主要有以下三种：<br>(1) 以动漫、影视和科幻为主题的玩具，包括以动漫、影视中的卡通形象和人物角色而设计的主题玩具，如铁甲小宝、超人迪加、蜘蛛侠、变形金刚、史努比、迪斯尼动画等影视动漫中的主要角色造型都开发设计成了主题玩具，还有如图 2-1 和图 2-2 中的恐龙、太空飞船等科幻主题玩具；<br>(2) 以热门事件、活动为主题的玩具，如 NBA 主题玩具、奥运吉祥物主题玩具以及图 2-3 中的二战军事主题玩具、反恐主题玩具；<br>(3) 节假日主题玩具，主要包括如图 2-4 所示的圣诞节(12 月 25 日)主题玩具、图 2-5 所示的万圣节(11 月 1 日)主题玩具、图 2-6 所示的情人节(2 月 14 日)主题玩具。 | | |

2.1 主题玩具的类型及特点

图 2-1 恐龙主题玩具

图 2-2 太空飞船主题玩具

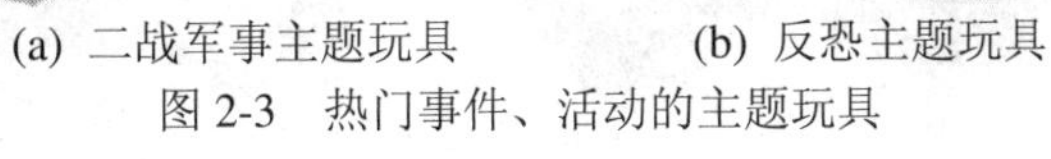

(a) 二战军事主题玩具　　　(b) 反恐主题玩具

图 2-3 热门事件、活动的主题玩具

图 2-4　圣诞节主题玩具

图 2-5　万圣节主题玩具

图 2-6　情人节主题玩具

| 2.2 玩具的色彩情感 | 色彩的情感是指色彩与事物有着相关性因而具有一定的象征意义，能够带给人联想和启示，可以展现出某种情绪、特性或环境氛围。例如，红色使人联想到血液、火、灯笼、鞭炮等事物，从而给人紧张、奔放、喜庆、热烈等感受。我们常见的色彩的情感意义及心理联想可参考下面表格。 |
|---|---|

| 色彩 | | 象征意义 | 抽象联想 | 运用效果 |
|---|---|---|---|---|
| 红 | | 自由、血、火胜利 | 兴奋、热烈、激情、喜庆、高贵、紧张、奋进 | 刺激、兴奋、强烈煽动效果 |
| 橙 | | 阳光、火、美食 | 愉快、激情、活跃、热情、精神、活泼、甜美 | 活泼、愉快、有朝气 |
| 黄 | | 阳光、黄金、收获 | 光明、希望、愉悦、阳光、明朗、动感、欢快 | 华丽、富丽堂皇 |
| 绿 | | 和平、春天、年轻 | 舒适、和平、新鲜、青春、希望、安宁、温和 | 友善、舒适 |
| 蓝 | | 天空、海洋、信念 | 清爽、开朗、理智、沉静、深远、忧郁、寂寞 | 冷静、智慧、开阔 |
| 紫 | | 忏悔、女性 | 高贵、神秘、豪华、思念、悲哀、温柔、女性 | 神秘感、女性化 |
| 白 | | 贞洁、光明 | 洁净、明朗、清晰、透明、纯真、虚无、简洁 | 纯洁、清爽 |
| 灰 | | 质朴、阴天 | 沉着、平易、暧昧、内向、消极、失望、忧郁 | 普通、平易 |
| 黑 | | 夜、高雅、死亡 | 深沉、庄重、成熟、稳定、坚定、压抑、悲感 | 气魄、高贵、男性化 |

## 2.2 玩具的色彩情感

为了更好地理解色彩的情感，我们可以进行下述几种色彩构成训练：

(1) 绘制一些抽象图案并填涂颜料，通过色彩表现“喜、怒、哀、乐”四种情感，如图2-7所示。

(2) 绘制一些抽象图案并填涂颜料，通过色彩表现“春、夏、秋、冬”四个季节，如图2-8所示。

(3) 绘制一些抽象图案并填涂颜料，通过色彩表现“软、硬、轻、重”四种感受，如图2-9所示。

(4) 绘制一些抽象图案并填涂颜料，通过色彩表现“大都市的一天”的不同情景，如图2-10所示。

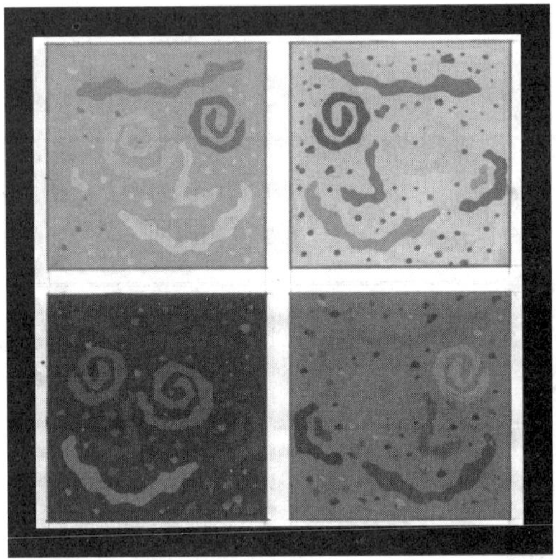

图2-7 喜、怒、哀、乐

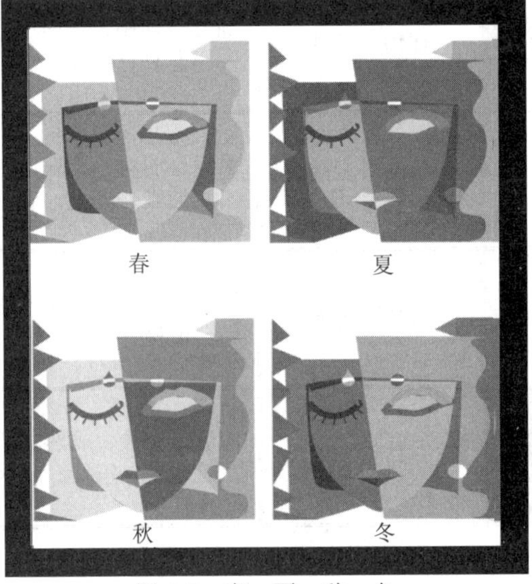


图2-8 春、夏、秋、冬

## 2.2 玩具的色彩情感

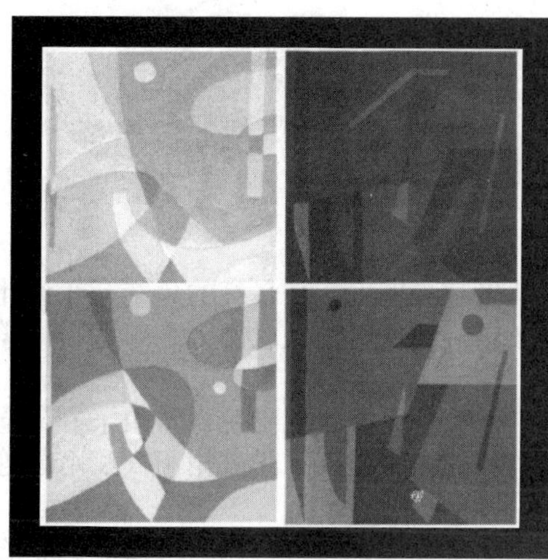

图 2-9　软、硬、轻、重

图 2-10　大都市的一天

## 2.3 色彩的情感属性在设计中的应用

1. 红色系

红色在可见光谱中波长最长。在设计中，红色可主导整体的色彩，也可以做点缀，表现力极强，设计意图、风格展示的效果强。红色可使人联想到火焰、太阳、血液、革命、喜事等，它给人的感觉是热情、奔放、喜庆、注目、醒目、兴奋、紧张、危险等。

由于红色容易引人注意，所以在各种媒体中也被广泛地利用，除了具有较佳的明视效果之外，更被用来传达有活力、积极、热诚、温暖、前进等涵义的企业形象与精神。另外，红色也常作为警告、危险、禁止、防火等标示用色。

在玩具设计中常用红色来突出视觉效果，吸引人们的注意以及表现热情、火烈等性格特点。另外，红色系也成为了圣诞节、情人节、春节等喜庆节日的玩具礼品的主色调。图 2-11 给出了红色与红色玩具。

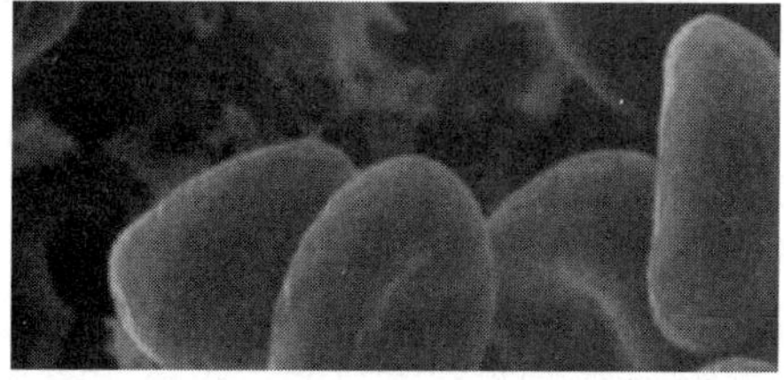

图 2-11　红色与红色玩具

2. 橙色系

橙色在可见光谱中波长次于红色，比红色明度高，在应用时要注意环境和气氛。橙色可使人联想到橙子、向日葵、晚霞等，它给人的感觉是活泼、温暖、兴奋、温馨、甜蜜、华丽等。

在工业安全用色中，橙色是警戒色，如火车头、登山服装、背包、救生衣等。由于橙色非常明亮刺眼，有时会使人有负面低俗的意象。橙色在玩具设计中用于表现温情的特性以及提高视觉敏感度。图 2-12 给出了橙色与橙色玩具。

图 2-12 橙色与橙色玩具

3. 黄色系

黄色在可见光谱中波长居中，从光亮程度看，是最亮的色彩。在设计中黄色应用范围很广泛，具有很好的装饰效果。黄色可使人联想到迎春花、柠檬、黄菊花等，它给人的感觉是可爱、幼稚、软弱、颓废等。

黄色明度高，在工业安全用色中，黄色是警告危险色，常用来警告危险或提醒注意，如交通号志上的黄灯、工程用的大型机器、学生用雨衣和雨鞋等，都使用黄色。

在玩具设计中，黄色可以表现出活泼可爱的特性，同时可增加色彩的亮度，给人明快、轻盈的感觉。对于节日玩具而言，黄色和橙色是万圣节玩具礼品的传统色彩。图 2-13 给出了黄色与黄色玩具。

图 2-13 黄色与黄色玩具

4. 绿色系

绿色在可见光谱中波长居中。人们的视觉最能适应绿色的刺激。在设计中，绿色使用频繁。绿色可使人联想到森林、草、安全信号等，它给人的感觉是希望、活力、生机、环保、安全、和平、宁静、和谐等，低纯度的绿色给人的感觉是郁闷、低沉等。

绿色所传达的清爽、理想、希望、生长的意象符合服务业、卫生保健业的诉求。在工厂中为了避免操作时眼睛疲劳，许多机械也是采用绿色。一般的医疗机构场所，也常采用绿色作为空间色彩规划医疗用品。

绿色在玩具设计中常常用于凸显青春和朝气的特点，或者用于表现环保的理念。当然，绿色已经成为圣诞玩具中非常重要的点缀色。图 2-14 给出了绿色与绿色玩具。

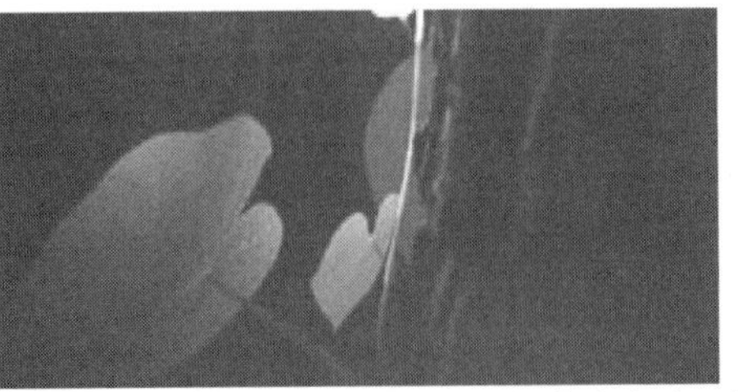

图 2-14 绿色与绿色玩具

| 2.3<br>色彩的情感属性在设计中的应用 | 5. 蓝色系<br>蓝色在可见光谱中波长较短。特别是高明度的蓝色，其冷暖变化能充分展示女性的纯美丽质。蓝色代表人文的智慧和力量，是现代科学的象征色。蓝色可使人联想到海洋、湖泊、天空、宇宙等，它给人的感觉是聪明、明朗、清新、开阔、幻想等，低纯度的蓝色给人的感觉是苍凉、忧郁、悲哀等。<br>由于蓝色沉稳的特性，故其具有理智、准确的意象。在商业设计中，当强调科技、效率的商品或企业形象时，大多选用蓝色当标准色、企业色，如电脑、汽车、影印机、摄影器材等等。另外，蓝色也代表忧郁，这是受了西方文化的影响。<br>玩具设计中，蓝色往往赋予男性化的玩具产品，给人以稳重、聪明之感，同时，蓝色也可展示出产品的科技特征。对于情人节玩具礼品而言，蓝色系与红色系搭配成为最般配的"情侣"色。图 2-15 给出了蓝色与蓝色玩具。<br>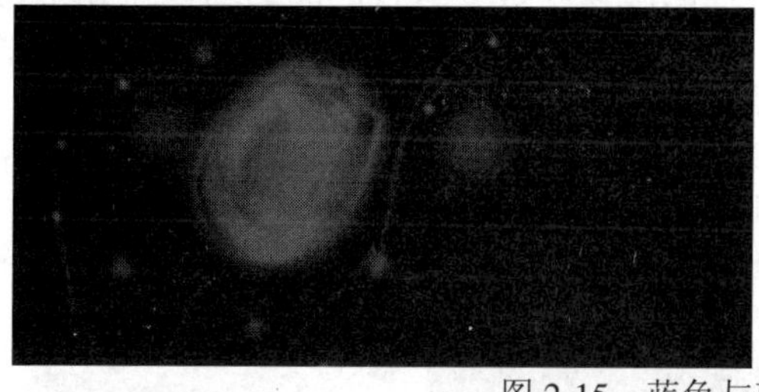  <br>图 2-15　蓝色与蓝色玩具<br>6. 紫色系<br>紫色在可见光谱中波长最短，是色相中最暗的颜色。在设计中要谨慎应用，通常色彩面积不宜过大。紫色可使人联想到丁香花、紫罗兰、茄子、薰衣草等，它给人的感觉是超凡脱俗的美丽、优美、妩媚、柔和、孤傲、高雅等，低纯度的紫色给人的感觉是悲哀、不安、恐怖、消极等。<br>紫色由于具有强烈的女性化性格，故受到相当的限制。除了和女性有关的商品或企业形象之外，其他类的设计不常采用为主色。因而，紫色也是女性化玩具产品的专属色，它更能引起女性使用者的情感共鸣。图 2-16 给出了紫色与紫色玩具。<br>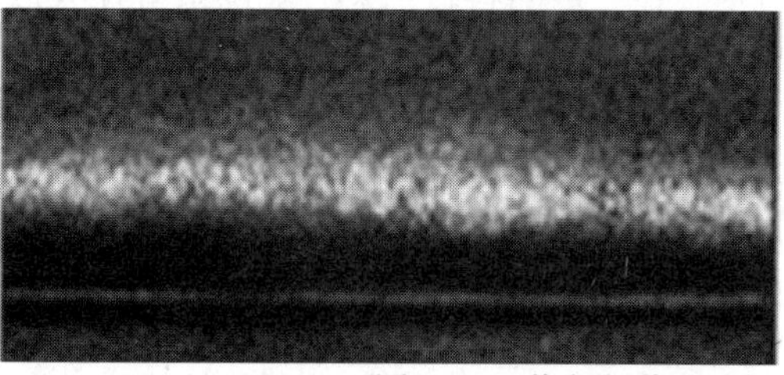 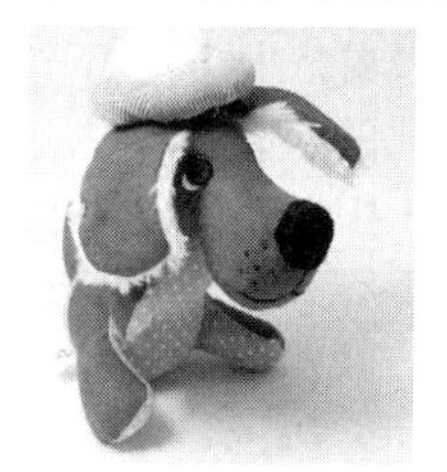<br>图 2-16　紫色与紫色玩具<br>7. 白色系<br>在设计中，白色与其他色彩搭配使用，可协调其他色彩。白色可使人联想到白云、白雪、棉花、玉兰花等，它给人的感觉是温柔、纯洁、朴素、神圣、悲哀等。白色具有高级、科技的意象，通常需和其他色彩搭配使用。纯白色会带给人寒冷、严峻的感觉，因此在使用白色时，都会掺一些其他色彩，如象牙白、米白、乳白、苹果白。<br>在玩具产品以及其他生活用品和服饰用色上，白色往往是不可缺少的配搭色彩，可以和任何颜色作搭配，起到调和色调、映衬色彩的作用。图 2-17 给出了白色与白色玩具。 |
|---|---|

图 2-17　白色与白色玩具

8. 黑色系

在设计中，黑色作为衬托色，可以使其他色彩发挥更大的特色，展现更加绚丽的光彩。在我国香港地区，黑色用做丧服。黑色可使人联想到黑夜，它给人的感觉是高贵、严肃、呆板、恐怖、凄凉、凝重、性感、诱惑等。

黑色具有高贵、稳重、科技的意象。许多科技产品的用色，如电视、跑车、摄影机、音响、仪器的色彩，大多采用黑色。在其他方面，黑色的庄严的意象也常用于一些特殊场合的空间设计。

生活用品和服饰设计大多利用黑色来塑造高贵的形象，而玩具产品中多数用黑色来营造一种生硬、冷酷的气氛，也可塑造古怪和呆板的性格特点。黑色也是一种永远流行的搭配色彩，适合和许多色彩作搭配，从而达到调和整体色调的作用。图 2-18 给出了黑色与黑色玩具。

图 2-18　黑色与黑色玩具

9. 灰色系

灰色永远是流行的主题色，是高科技色彩。灰色系可使人联想到高科技产品、包装、楼宇、手饰、灰尘等。多层次灰色给人的感觉是华丽、辉煌、光华等。单纯的灰色会给人纯朴、邋遢、沉闷等感觉。灰色具有柔和、高雅的意象，而且属于中间性格，男女皆能接受。

在许多高科技产品中，尤其是和金属材料有关的产品，几乎都采用灰色来传达高级、科技的形象。使用灰色时，要利用不同层次的变化组合，才不会过于单一、沉闷。

在玩具设计中，灰色会用于一些汽车模型或者灰色的熊、鼠类动物造型上。当然，灰色也能与其他色彩搭配起到调和色调的作用。图 2-19 给出了灰色与灰色玩具。

图 2-19　灰色与灰色玩具

## 2.4 速写

速写，顾名思义是一种快速的写生方法，常认为速写是属于素描的一种。速写不但是造型艺术的基础，也是一种独立的艺术形式。随着时代的发展，艺术家和设计师们给速写赋予了更多的功能和艺术表现力。在玩具产品设计中，速写常常也作为一种推敲设计理念以及表现产品形态的有效技法。根据速写的表现方式和表现效果不同，速写可以分为单线速写、明暗速写和色彩速写等类别。速写常用的工具和材料有钢笔、水笔、圆珠笔、铅笔、马克笔、色粉和速写纸等。

1. 单线速写

单线速写是一种主要以单一线条较准确地表现物体的形态轮廓、透视关系和空间关系的速写方式。它要求速度较快，线条流畅、准确，尽量不要重复，一般不用刻画物体的明暗关系，但力求神似，如图 2-20 所示。

图 2-20　单线速写

2. 明暗速写

明暗速写类似于明暗素描，用线和面的形式表现出物体的形态轮廓和明暗关系，其空间感、真实感较强，但明暗速写不需“面面俱到”，只要抓住物体的主要形状特征，快速地表现出物体的形态就达到目的了，如图 2-21 所示。产品设计初期，常用这种方式去构思产品的形态结构，快速而大量地绘制出产品的草图。

图 2-21　明暗速写

3. 色彩速写

色彩速写是在前面两种速写的基础上加上色彩表现出物体的色彩关系，具有更强的视觉表现力，但同样要求抓住物体的主要形状特征和色彩关系，快速地表现出整个物体的形态、色彩倾向和质感，如图 2-22 所示。在产品设计初期和中期，这种速写方式也常常用来构思设计产品的色彩与材料。

图 2-22　色彩速写

## 2.5 彩色铅笔效果图

彩色铅笔是设计中常用的绘图工具，如图 2-23 所示。与普通铅笔一样，彩色铅笔的笔芯质地较坚硬，但其笔芯是彩色的，可以绘制出均匀流畅的彩色线条，方便、实用且具有较好的艺术表现力。

图 2-23 彩色铅笔

彩色铅笔一般分为油性彩色铅笔和水溶性彩色铅笔两种。两种彩色铅笔在外观上没有太大的区别，但油性彩色铅笔由于笔芯添加了油性材料，所以它的线条笔触比较清晰、硬朗，画面像有一层蜡附在上面，不容易涂擦。油性彩色铅笔画最好选用质地较为粗糙的素描纸、水粉纸等，以增强其色彩的附着性。水溶性彩色铅笔的笔触较为细腻、柔和，并且易溶于水，用它可以画出水彩和水墨画的风格。水溶性彩色铅笔画最好选用吸水性强而韧的纸，如水彩纸、水粉纸、素描纸等。

油性彩色铅笔画的技法与素描类似，需要通过排线的方式来表现物体的明暗关系和空间关系，但与素描不同的是，要注意选择好适合的颜色去处理好物体、环境等的色彩关系，才能获得更强的视觉效果和艺术表现力。油性彩色铅笔效果图如图 2-24 所示。

图 2-24 油性彩色铅笔效果图

水溶性彩色铅笔画与素描的技法大不相同，它需要先画出轮廓线条，再按景物的色彩在相关部位填色，然后再用水彩笔轻轻地涂抹均匀，它主要通过铺面着色的方式去表现物体的形状、色彩和材质。当然，水溶性彩色铅笔画也可以将排线与铺面着色的方式综合起来运用，这样画面会更有层次感。水溶性彩色铅笔效果图如图 2-25 所示。

由于水溶性彩色铅笔混色容易、笔触灵活多变，而且具有较好的色彩表现力，适合表现布绒、棉、毛等质地比较柔和的材料，所以在设计布绒玩具时可以选用水溶性彩色铅笔来绘制其效果图。

图 2-25　水溶性彩色铅笔效果图(1)

2.5 彩色铅笔效果图

图 2-25　水溶性彩色铅笔效果图(2)

| 2.6 玩具外型设计构思方法 | 1. 联想法<br>联想法是最为常用的设计构思方法。它是利用我们的发散性思维把与设计目标相关的事物关联起来，然后通过归纳分析在众多的关联事物中筛选出具有创意的、最适合设计定位的关键词，最终获得完整的设计构思。如设计一款“熊猫”玩具的造型设计可以通过如图 2-26 所示的联想方法进行构思。由“熊猫”联想到“黑与白”、“中国”、“竹子”、“保护动物”等词汇，再由“中国”联想到“长城”、“功夫”等词汇，以此方法不断发散自己的思维，最后收敛和归纳这些词汇，终于找到“功夫熊猫”的创意构思。联想法中思维发散得越开，得到的词汇越多，越有利于找到构思的素材和灵感。<br>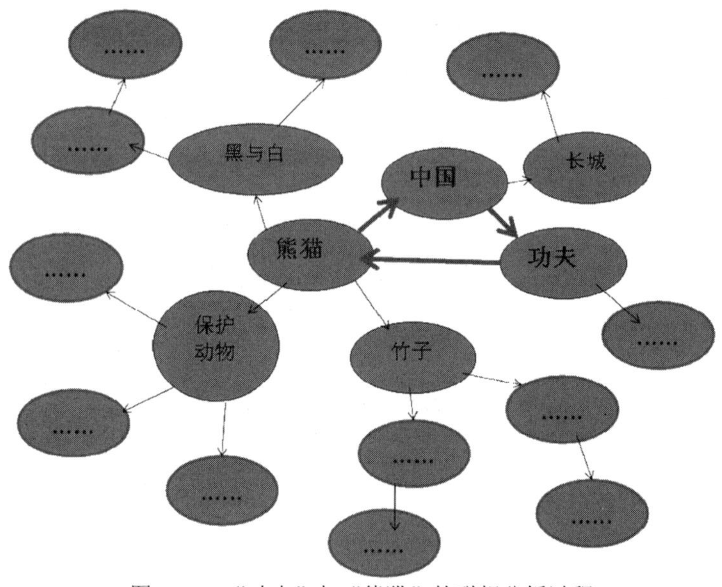<br><br>图 2-26　“功夫”与“熊猫”的联想分析过程<br>2. 类比法<br>类比法是利用对现有相关产品进行比较，留取或者舍弃其中的一些元素而获得新的外型设计。如设计一款新型圣诞老人布绒玩具形象时，需要对一些经典的圣诞老人形象进行比较，保留其特征性的衣服着装，而对其五官、身材等进行变换，从而得到不同的圣诞老人布绒玩具新外型，如图 2-27、图 2-28 所示。<br><br>图 2-27　经典的圣诞老人形象<br><br>图 2-28　类比设计出形态各异的可爱圣诞老人 |
|---|---|

2.6 玩具外型设计构思方法

3. 比例与尺度

比例与尺度的方法是用于对现有产品外型设计的改进，将其整体或者局部尺寸按照比例放大或缩小，将获得一些意想不到的视觉效果和设计概念。例如，将一款布绒熊玩具按比例缩小并进行搭配，就能设计出一套大熊和熊宝宝在一起的“家庭版”布绒熊玩具，如图 2-29 所示。又如图 2-30，将小猪造型的布绒玩具按比例放大(或缩小)设计成一套系列化的产品，可满足人们对不同玩具尺寸的需求。再如图 2-31，将一只恐龙的局部比例缩小(如身体和四肢缩短)，头部和眼睛放大，就可设计出更惹人喜爱的恐龙玩偶造型。

图 2-29 “家庭版”布绒熊玩具

图 2-30 系列化的猪宝宝

图 2-31 比例变化的恐龙玩偶

## 四、工作(项目)案例单

| 专业学习领域 | 玩具外型设计与制作 | 总学时 | 112 |
| --- | --- | --- | --- |
| 学习情境 2 | 节日主题(布绒)玩具外型设计与制作 | 学时 | 24 |

**案例 1　彩色铅笔玩具效果图绘制**

图 2-32 为圣诞熊布绒玩具效果图。

图 2-32　圣诞熊布绒玩具效果图

绘制步骤如下：

(1) 用铅笔起稿，抓住透视关系和比例关系绘制大体轮廓，如图 2-33 所示。

图 2-33　圣诞熊铅笔线稿图

(2) 进一步绘出主要部位和结构，铺设大体明暗关系，如图 2-34 所示。

图 2-34　主要部位和结构的绘制

(3) 调整局部形状，铺出主要的色彩关系，如图 2-35、图 2-36 所示。

图 2-35　圣诞熊衣服大体色彩的铺设

图 2-36　圣诞熊毛发大体色彩的铺设

(4) 进一步强化色彩的明暗关系，增强毛绒玩具的立体感，如图 2-37、图 2-38 所示。

图 2-37　色彩明暗关系的强化　　　　图 2-38　毛发立体感的增强

(5) 深入调整画面整体的比例关系、明暗关系和色彩关系，并用白色和浅褐色勾画处理帽子和衣服上的白色长毛绒部分，使其有自然飘逸之感。最后，还可以用水彩笔蘸水适当地均匀涂抹，使画面质感柔和、协调美观，如图 2-39、图 2-40 所示。

图 2-39　画面的调整

图 2-40　长绒毛质感效果的勾画

| 案例2　节日主题(布绒)玩具外型设计方案 |
| --- |

1. 设计要求

以圣诞节为主题，设计一款造型可爱的布绒玩具。

2. 调研资讯(圣诞节图片资料)

图 2-41～图 2-44 为圣诞节图片资料。

图 2-41　麋鹿

图 2-42　雪人和圣诞树

图 2-43　袜子

图 2-44　礼物和圣诞老人

3. 概念主题

此设计的概念主题为圣诞节的特别礼物。

4. 效果图展示

设计效果如图 2-45 所示。

图 2-45　效果图

5. 设计说明

通过了解圣诞节中的各种事物，选取圣诞麋鹿和装礼物的袜子作为造型元素，把麋鹿的比例缩小，放入袜子中充满新意，给人带来了不同的视觉感受。麋鹿原本是送礼物的运输工具，现在小麋鹿却作为礼物送给小朋友，并且调皮地爬出四处观望，凸显了小鹿的可爱。这样的情景别有一番情趣，烘托出设计的主题——“特别的礼物”，一定会获得小朋友们的喜爱。

**案例3 布绒玩具纸样开片**

布绒玩具纸样开片是布绒玩具设计中的重要环节。只有将设计的效果图转为开片纸样，才能将设计的布绒玩具制作成样品，以便我们进一步确认或改进设计方案并指导批量生产。开片的主要工作内容是将设计的布绒玩具造型(立体曲面)拆分成若干片形状不同的平面图形，并将它们画在纸上，这样，根据纸样裁出的布绒就可以再缝合成立体造型。虽然同样造型的布绒玩具没有固定的纸样开片方法，但想要快速、准确地制作开片纸样，还得掌握一定的规律和技巧，并通过常见造型的开片实例训练来积累经验。下面提供几种常见造型的布绒玩具纸样开片图例，如图 2-46～图 2-50 所示。

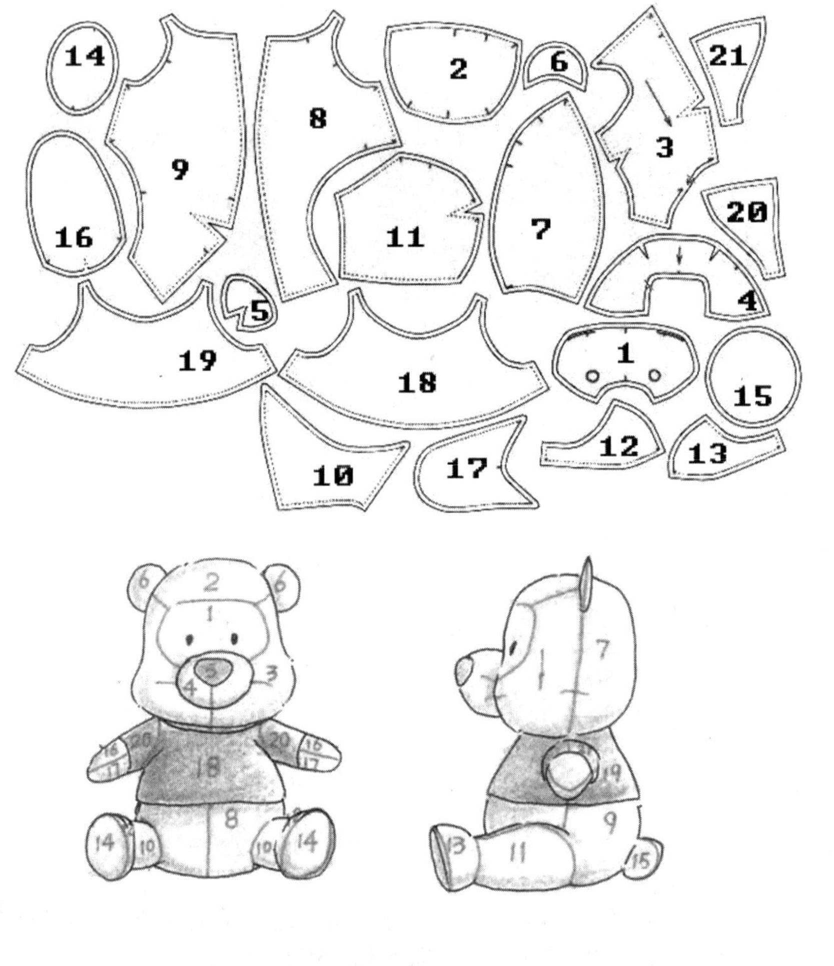


图 2-46　小熊纸样开片图例

| 案例3 布绒玩具纸样开片 | 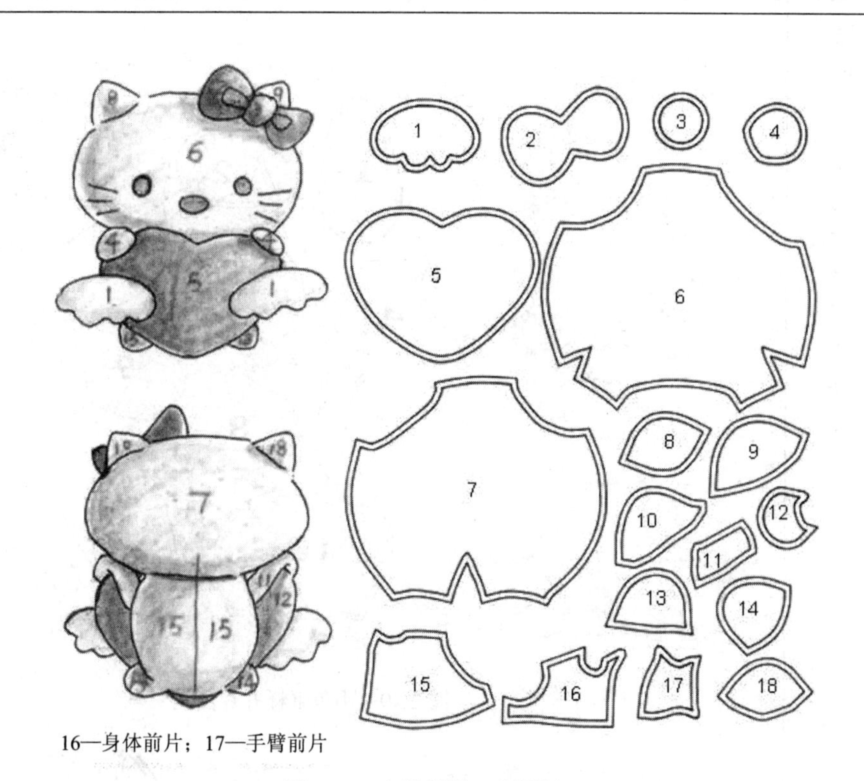<br><br>16—身体前片；17—手臂前片<br>图 2-47　小猫纸样开片图例<br><br><br>图 2-48　卡通猫纸样开片图例 |
|---|---|

案例3 布绒玩具纸样开片

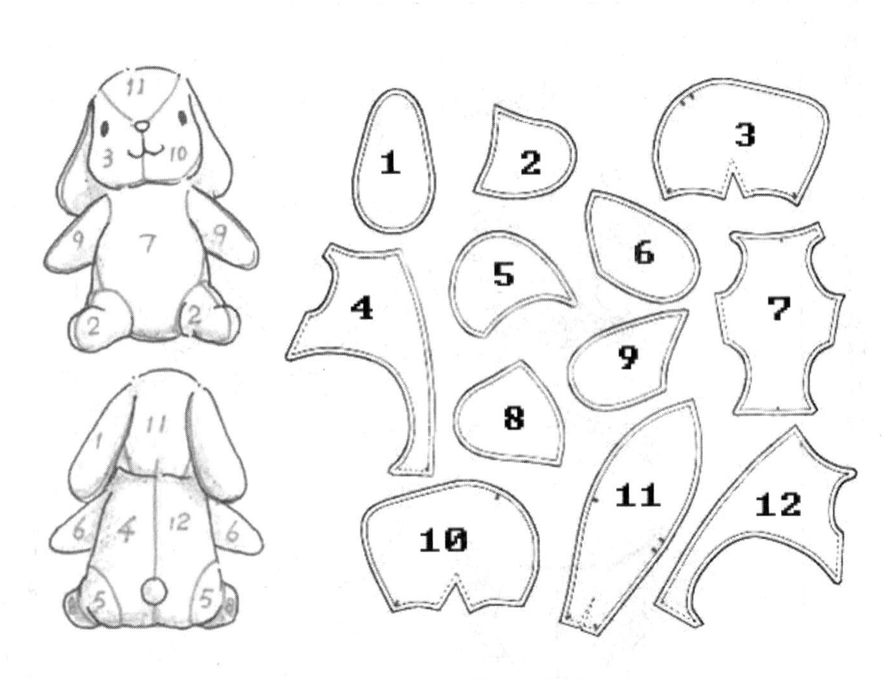


图 2-49　小兔纸样开片图例

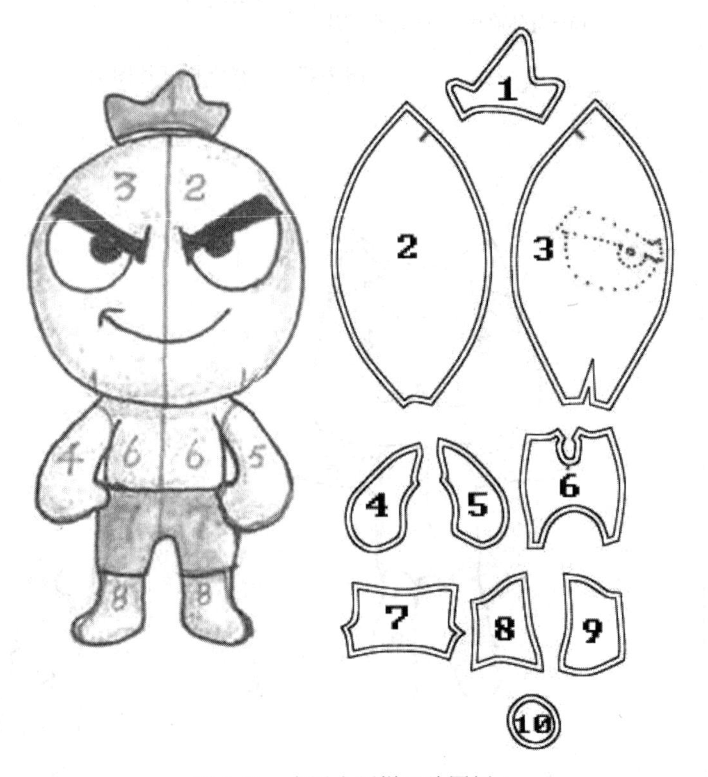


图 2-50　卡通人纸样开片图例

## 五、工作(项目)练习单

<table>
<tr><td colspan="2">专业学习领域</td><td colspan="2">玩具外型设计与制作</td><td>总学时</td><td>112</td></tr>
<tr><td colspan="2">学习情境 2</td><td colspan="2">节日主题(布绒)玩具外型设计与制作</td><td>学时</td><td>24</td></tr>
<tr><td>序号</td><td colspan="2">练 习 内 容</td><td>评分</td><td>评审签名</td><td>日期</td></tr>
<tr><td>1</td><td colspan="2">色彩情感训练</td><td></td><td></td><td></td></tr>
<tr><td>2</td><td colspan="2">布绒玩具设计速写</td><td></td><td></td><td></td></tr>
<tr><td>3</td><td colspan="2">布绒玩具彩色铅笔效果图绘制</td><td></td><td></td><td></td></tr>
<tr><td></td><td colspan="2"></td><td></td><td></td><td></td></tr>
<tr><td></td><td colspan="2"></td><td></td><td></td><td></td></tr>
<tr><td></td><td colspan="2"></td><td></td><td></td><td></td></tr>
<tr><td></td><td colspan="2"></td><td></td><td></td><td></td></tr>
<tr><td></td><td colspan="2"></td><td></td><td></td><td></td></tr>
<tr><td></td><td colspan="2"></td><td></td><td></td><td></td></tr>
<tr><td></td><td colspan="2"></td><td></td><td></td><td></td></tr>
<tr><td></td><td colspan="2"></td><td></td><td></td><td></td></tr>
<tr><td></td><td colspan="2"></td><td></td><td></td><td></td></tr>
</table>

## 六、工作(项目)计划单

<table>
<tr><td colspan="2">专业学习领域</td><td colspan="3">玩具外型设计与制作</td><td>总学时</td><td>112</td></tr>
<tr><td colspan="2">学习情境 2</td><td colspan="3">节日主题(布绒)玩具外型设计与制作</td><td>学时</td><td>24</td></tr>
<tr><td>序号</td><td colspan="3">工作流程(步骤)</td><td>预计时间</td><td>工作环境</td><td>使用资源</td></tr>
<tr><td>1</td><td colspan="3"></td><td></td><td></td><td></td></tr>
<tr><td>2</td><td colspan="3"></td><td></td><td></td><td></td></tr>
<tr><td>3</td><td colspan="3"></td><td></td><td></td><td></td></tr>
<tr><td>4</td><td colspan="3"></td><td></td><td></td><td></td></tr>
<tr><td>5</td><td colspan="3"></td><td></td><td></td><td></td></tr>
<tr><td>6</td><td colspan="3"></td><td></td><td></td><td></td></tr>
<tr><td colspan="2" rowspan="3">计划评价</td><td>班　级</td><td></td><td>第　组</td><td>组长签名</td><td></td></tr>
<tr><td>教师签名</td><td colspan="2"></td><td>日　期</td><td></td></tr>
<tr><td colspan="5">评语：</td></tr>
</table>

## 七、工作(项目)任务分配单

<table>
<tr><td colspan="2">专业学习领域</td><td colspan="2">玩具外型设计与制作</td><td>总学时</td><td>112</td></tr>
<tr><td colspan="2">学习情境2</td><td colspan="2">节日主题(布绒)玩具外型设计与制作</td><td>学　时</td><td>24</td></tr>
<tr><td>姓　名</td><td>班 级</td><td>学　号</td><td colspan="2">任 务 分 配</td><td>备注</td></tr>
<tr><td></td><td></td><td></td><td colspan="2"></td><td></td></tr>
<tr><td></td><td></td><td></td><td colspan="2"></td><td></td></tr>
<tr><td></td><td></td><td></td><td colspan="2"></td><td></td></tr>
<tr><td></td><td></td><td></td><td colspan="2"></td><td></td></tr>
<tr><td></td><td></td><td></td><td colspan="2"></td><td></td></tr>
<tr><td></td><td></td><td></td><td colspan="2"></td><td></td></tr>
<tr><td colspan="6">任务分配说明：</td></tr>
<tr><td colspan="2">班　　级</td><td></td><td>第　组</td><td>组长签名</td><td></td></tr>
<tr><td colspan="2">教师签名</td><td colspan="2"></td><td>日　　期</td><td></td></tr>
</table>

## 八、工作(项目)决策单

<table>
<tr><td>专业学习领域</td><td colspan="4">玩具外型设计与制作</td><td colspan="2">总学时</td><td>112</td></tr>
<tr><td>学习情境 2</td><td colspan="4">节日主题(布绒)玩具外型设计与制作</td><td colspan="2">学时</td><td>24</td></tr>
<tr><td colspan="8">方 案 对 比 评 价</td></tr>
<tr><td>评价要素<br>草案名称</td><td>消费对象</td><td>主题概念</td><td>造型元素</td><td>色彩效果</td><td>娱乐性</td><td>教育性</td><td>综合评价</td></tr>
<tr><td></td><td></td><td></td><td></td><td></td><td></td><td></td><td></td></tr>
<tr><td></td><td></td><td></td><td></td><td></td><td></td><td></td><td></td></tr>
<tr><td></td><td></td><td></td><td></td><td></td><td></td><td></td><td></td></tr>
<tr><td colspan="8">方 案 修 改 意 见</td></tr>
<tr><td colspan="8">方案修改说明：</td></tr>
<tr><td colspan="8">方 案 决 策</td></tr>
<tr><td colspan="8">方案决策说明：</td></tr>
<tr><td>班　　级</td><td colspan="2"></td><td colspan="2">第　组</td><td colspan="2">组长签名</td><td></td></tr>
<tr><td>教师签名</td><td colspan="4"></td><td colspan="2">日　　期</td><td></td></tr>
</table>

## 九、工作(项目)材料工具清单

| 专业学习领域 | | 玩具外型设计与制作 | | | 总学时 | | 112 |
|---|---|---|---|---|---|---|---|
| 学习情境2 | | 节日主题(布绒)玩具外型设计与制作 | | | 学时 | | 24 |
| 项目 | 序号 | 名 称 | 型号(规格) | 作 用 | 数量 | 使用前 | 使用后 |
| 所用材料 | 1 | | | | | | |
| | 2 | | | | | | |
| | 3 | | | | | | |
| | 4 | | | | | | |
| | 5 | | | | | | |
| | 6 | | | | | | |
| | 7 | | | | | | |
| | 8 | | | | | | |
| 所用工具 | 1 | | | | | | |
| | 2 | | | | | | |
| | 3 | | | | | | |
| | 4 | | | | | | |
| | 5 | | | | | | |
| | 6 | | | | | | |
| | 7 | | | | | | |
| | 8 | | | | | | |
| | 9 | | | | | | |
| | 10 | | | | | | |
| | 11 | | | | | | |
| | 12 | | | | | | |
| | 13 | | | | | | |
| 班 级 | | | 第 组 | | 组长签名 | | |
| 教师签名 | | | | | 日 期 | | |

## 十、工作(项目)实施检查单

<table>
<tr><td colspan="2">专业学习领域</td><td colspan="3">玩具外型设计与制作</td><td>总学时</td><td>112</td></tr>
<tr><td colspan="2">学习情境 2</td><td colspan="3">节日主题(布绒)玩具外型设计与制作</td><td>学时</td><td>24</td></tr>
<tr><td>序号</td><td>工作流程</td><td>工作环境</td><td>预计所需时间</td><td>实际完成时间</td><td colspan="2">工作过程中遇到的问题及解决方法</td></tr>
<tr><td></td><td></td><td></td><td></td><td></td><td colspan="2"></td></tr>
<tr><td></td><td></td><td></td><td></td><td></td><td colspan="2"></td></tr>
<tr><td></td><td></td><td></td><td></td><td></td><td colspan="2"></td></tr>
<tr><td></td><td></td><td></td><td></td><td></td><td colspan="2"></td></tr>
<tr><td></td><td></td><td></td><td></td><td></td><td colspan="2"></td></tr>
<tr><td></td><td></td><td></td><td></td><td></td><td colspan="2"></td></tr>
<tr><td></td><td></td><td></td><td></td><td></td><td colspan="2"></td></tr>
<tr><td colspan="7">实施情况说明：</td></tr>
<tr><td>班　级</td><td colspan="2"></td><td colspan="2">第　组</td><td>组长签名</td><td></td></tr>
<tr><td>教师签名</td><td colspan="4"></td><td>日　期</td><td></td></tr>
</table>

## 十一、工作(项目)评价单

| 专业学习领域 | 玩具外型设计与制作 | | | 总学时 | 112 | |
|---|---|---|---|---|---|---|
| 学习情境2 | 节日主题(布绒)玩具外型设计与制作 | | | 学时 | 24 | |
| 姓名： 性别： 班级： 学号： | | | | | | |
| 评 价 项 目 | | | 评 分 标 准 | 自评分 | 小组评分 | 教师评分 |
| 工作成果评分(50分) | | 创意(10分) | 创意新颖、构思巧妙，符合人机工程学、环保安全以及工艺要求，具有市场前景。 | | | |
| | | 设计速写(15分) | 速写流畅，形状比例准确，形态优美，虚实结合，重点突出，画面富有表现力。 | | | |
| | | 效果图及作品(25分) | 形状比例准确，色彩活泼，虚实结合，材料质感强，画面精美。 | | | |
| 工作过程与展示汇报能力评分(15分) | 方法能力(5分) | 信息资讯(1分) | 善于查阅资料、收集信息，归纳分析相关情况。 | | | |
| | | 自主学习(1.5分) | 主动学习新知识、新技术，具有良好的学习能力。 | | | |
| | | 勤学苦练(1.5分) | 能够勤奋、认真地完成各项作业，课后能主动巩固练习。 | | | |
| | | 总结反思(1分) | 善于总结收获，反思经验教训。 | | | |
| | 社会能力(5分) | 交流沟通(1分) | 善于与教师、同学交流经验。 | | | |
| | | 言语表达(1分) | 语言表达流利、准确。 | | | |
| | | 团队协作(1.5分) | 团队分工合理，能相互协作完成工作。 | | | |
| | | 环保安全(1.5分) | 具有良好的环保、卫生和安全意识，能正确、规范地操作仪器设备。 | | | |
| | 个人能力(5分) | 自信(1分) | 对学习充满信心，遇到困难不退缩，不气馁。 | | | |
| | | 兴趣(1分) | 主动培养专业学习兴趣。 | | | |
| | | 认真(1.5分) | 做事认真，注重质量和效果 | | | |
| | | 创新(1.5分) | 思维灵活，具有创新精神。 | | | |
| 纪律考勤评分(15分) | | | 迟到1次扣2分，旷课1次扣5分，直到扣完该项分数为止。 | | | |
| 平时作业评分(20分) | | | 平时作业按优、良、中、及格、差(或缺交)五个等级分别转换为百分制的95、85、75、65、0分，该项分数为所有平时作业的平均分。 | | | |
| 合 计 | | | | | | |
| 总评 = (教师评分 × 80% + 小组评分 × 10% + 自评分 × 10%) | | | | | | |
| 班 级 | | 第 组 | 组长签名 | | | |
| 教师签名 | | | 日 期 | | | |

# 学习情境 3

## 卡通模型树脂玩偶外型设计与制作

# 一、工作(项目)任务单

| 专业学习领域 | 玩具外型设计与制作 | 总学时 | 112 |
| --- | --- | --- | --- |
| 学习情境 3 | 卡通模型树脂玩偶外型设计与制作 | 学时 | 28 |
| 任务描述 | 学生以 5 至 6 人为小组收集相关市场信息和图片资料，设计一款卡通模型玩偶，绘制水粉＋色粉效果图，并制作油泥模型和树脂样板，最后对其设计作品进行展示和答辩。 | | |
| 具体任务 | 1. 熟悉卡通模型玩偶产品市场信息；<br>2. 绘制卡通模型玩偶草图；<br>3. 设计卡通模型玩偶色彩；<br>4. 设计卡通模型玩偶外型，绘制效果图；<br>5. 制作卡通模型玩偶油泥模型和树脂样板；<br>6. 展示、汇报设计成果。 | | |
| 学习目标 | 1. 学会搜集、分析卡通模型玩偶产品信息；<br>2. 掌握玩具草图的基本技法；<br>3. 掌握卡通模型玩偶产品色彩设计方法；<br>4. 掌握手绘卡通模型玩偶产品水粉＋色粉效果图技法；<br>5. 运用创意方法设计卡通模型玩偶外型；<br>6. 掌握油泥模型及树脂样板的制作方法；<br>7. 勤于动手实践，精益求精。 | | |
| 资讯材料 | 1. 李珠志，卢飞跃，甘庆军. 玩具造型设计[M]. 北京：化学工业出版社，2007.<br>2. 中国就业培训指导中心，中国玩具协会. 国家职业资格培训教程：玩具设计师(基础知识)[M]. 北京：中国社会保障出版社.<br>3. 李喜龙. 卡通角色设计[M]. 天津：天津大学出版社.<br>4. 吴艺华. 卡通画设计[M]. 上海：上海人民美术出版社.<br>5. 李铁，张海. 动画角色设计[M]. 北京：清华大学出版社.<br>6. 郑建启，汤军. 模型制作[M]. 北京：高等教育出版社.<br>7. (日)MAX 渡边. 超级模型技术讲座[M]. 台北：尖端出版社. | | |

| 学习安排 | | | | |
|---|---|---|---|---|
| 学习步骤 | 阶段 | 工作过程 | 微观教学法建议 | 学时 |
| | 资讯 | 教师行为：介绍模型树脂玩具的特点及市场情况，布置项目任务，下发任务单，讲解玩具色彩与材料搭配的方法。<br>学生行为：收集模型树脂玩具产品的信息资源，明确工作任务，练习玩具产品草图绘制。 | 讲授法<br>演示法<br>实践法 | 4 |
| | 计划 | 学生行为：小组讨论模型树脂玩具的外型结构及色彩设计方案，绘制其设计草图，填写工作计划单、制作工具/材料单及工作任务分配单。<br>教师行为：组织小组讨论，观察学生的学习和工作表现，解答学生疑问，讲解变换、移植、组合、夸张的外型设计方法。 | 小组讨论法<br>头脑风暴法 | 4 |
| | 决策 | 学生行为：设计方案与工作计划汇报，修改设计方案和工作计划，填写工作决策单。<br>教师行为：组织学生进行方案汇报答辩，对学生的设计方案和工作计划提出修改建议。 | 小组讨论法 | 2 |
| | 实施 | 学生行为：绘制模型树脂玩具的水粉(水彩)＋色粉效果图，制作其油泥模型。<br>教师行为：讲解油泥模型手工成型工艺及上色工艺，辅导学生绘制效果图和制作模型，观察学生的学习和工作表现。 | 四步教学法<br>讲授法 | 14 |
| | 检查 | 学生行为：对项目完成的情况进行自我检查和反思，修改不足之处，填写工作自查表，制作项目汇报 PPT。<br>教师行为：检查学生项目完成的情况，并提出修改意见和建议，解答学生疑问。 | 引导法 | 2 |
| | 评估 | 学生行为：进行项目成果汇报答辩，总结在此学习情境中的收获与体会，评价自己的表现，填写工作评价单和教学反馈单。<br>教师行为：组织项目成果汇报答辩，总结和评价学生在此学习情境中的表现，填写工作评价单。 | 多媒体<br>演示法 | 2 |

## 二、工作(项目)资讯单

| 专业学习领域 | 玩具外型设计与制作 | 总学时 | 112 |
| --- | --- | --- | --- |
| 学习情境 3 | 卡通模型树脂玩偶外型设计与制作 | 学时 | 28 |
| 资讯问题 | 1. 模型树脂玩偶有什么类型？模型树脂玩偶的市场状况如何？请搜集相关图片。<br>2. 模型树脂玩偶的外型设计可以从哪些素材中获取灵感？<br>3. 什么是设计草图？设计草图的作用是什么？<br>4. 什么是组合、夸张、拟人、变换的设计方法？在设计卡通模型树脂玩偶时如何应用这些设计方法？<br>5. 油泥在什么情况下容易成型？雕塑油泥模型时应注意什么？酒精喷灯的作用是什么？ 油泥模型可以上色吗？上色时应注意什么？<br>6. 硅胶模具的制作流程如何？硅胶与固化剂的配比是多少？<br>7. PU 树脂的 A、B 剂配比是多少？树脂复模过程中要注意什么问题？ | | |
| 资讯引导 | 针对上述 7 个资讯问题，请分别参考下面对应序号后的资讯：<br>1. 参见工作(项目)信息单 3.1；<br>2. 参见工作(项目)信息单 3.1；<br>3. 参见工作(项目)信息单 3.3 及资讯材料 1、2；<br>4. 参见工作(项目)信息单 3.4 及资讯材料 3、4、5；<br>5. 参见工作(项目)信息单 3.2、资讯材料 6、资讯材料 7 及案例 1；<br>6. 参见工作(项目)信息单 3.2、资讯材料 7 及案例 2；<br>7. 参见工作(项目)信息单 3.2、资讯材料 7 及案例 2。 | | |

## 三、工作(项目)信息单

<table>
<tr><td>专业学习领域</td><td>玩具外型设计与制作</td><td>总学时</td><td>112</td></tr>
<tr><td>学习情境 3</td><td>卡通模型树脂玩偶外型设计与制作</td><td>学时</td><td>28</td></tr>
<tr><td>序号</td><td colspan="3">信 息 内 容</td></tr>
<tr><td>3.1<br>模型树脂玩偶的分类与特点</td><td colspan="3">

1. 工艺装饰品

工艺装饰品通常以活泼、可爱的卡通形象或艺术雕塑造型为主，其材料质地比较脆硬。除装饰性功能外，树脂工艺品还具有一些实用性的功能，如钥匙扣、手机挂饰、笔筒等，如图 3-1 所示。这一类模型树脂玩偶产品在市场上比较普遍，其价格也相对比较便宜。

图 3-1　卡通树脂钥匙挂饰

2. 手办玩偶

手办玩偶造型多为科幻电影或卡通动漫角色，手办形态逼真、细腻，栩栩如生，如图 3-2 所示。人们不仅可以观赏它，还可以利用手办白模亲手复模制作手办玩偶、给手办玩偶上色。随着近年来国内动漫和科幻影视产业的发展，动漫手办也逐渐受到青少年甚至是成年人的追捧，成为动漫和科幻“发烧友”的最爱收藏品。手办玩偶是纯手工制作的限量产品，因而价格比较高，一般在几百元到上千元不等。

图 3-2　动漫树脂手办玩偶

</td></tr>
</table>

| 3.2 制作模型树脂玩偶常用的材料与涂料 | 1. 油泥<br>油泥是制作模型树脂玩偶原型的主要材料，其原材料主要是石蜡、石粉、凡士林，它不沾手，不收缩，比目结土更干净、更精密。油泥在常温下质地坚硬、细致，且表面光滑，不易变形。油泥加热后软化(在温度 40℃以上时质地慢慢变软)，可用来塑形，需要再次塑形的时候可以用吹风机将造型吹热，造型即可慢慢软化继续塑造。油泥塑形方法主要有两种：一种是类似橡皮泥的操作方法，用手进行整体塑形；另一种是利用雕塑刮刀、刮片和酒精喷灯对表面和局部进行精雕造型。图 3-3 给出了油泥及雕塑工具的外观图。<br><br>(a) 油泥块<br><br>(b) 雕塑刀<br><br>(c) 酒精喷灯<br>(d) 油泥原型<br>图 3-3　油泥及雕塑工具<br>2. 模具硅胶<br>模具硅胶又叫矽利康，是一种高性能的树脂复模模具材料，其复制仿真性强，不溶于水、树脂等，模具硅胶无毒、无味，化学性质稳定，耐高温，抗老化性能好，撕裂强度高，伸长率大，耐溶胀性能好，可反复使用几十次。模具硅胶适合小件产品和精密复杂产品的模具制作，广泛用于 PU 树脂装饰品、玩具和工艺品的复制，以及仿古家私、陶瓷、工艺蜡烛、人造塑像、艺术品复制、仿天然石、鞋模、灯饰工艺品等材料制品的成型模具。模具硅胶常温下为粘稠状流体，需要配合固化剂数小时后才能凝固，模具硅胶与固化剂的重量配比大概是 100∶2～100∶4。常用的模具硅胶主要有透明硅胶和白色硅胶两种，白色硅胶比透明硅胶便宜一些，但透明硅胶便于分模及观察复模成型状况，因此树脂玩偶复模中常常使用透明硅胶。图 3-4 给出了硅胶及硅胶模具图。<br><br>(a) 桶装硅胶及固化剂<br><br>(b) 透明硅胶模具<br>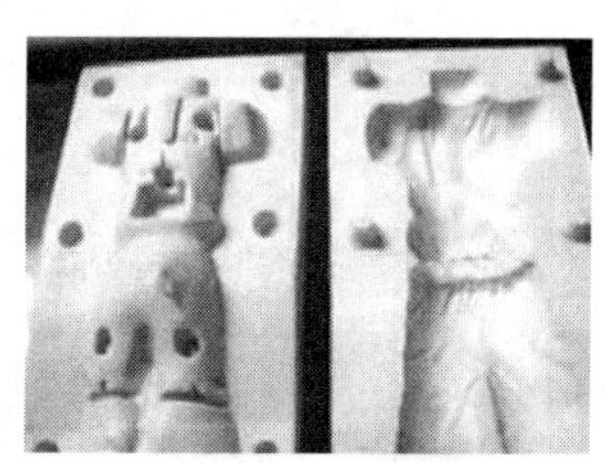<br>(c) 白色硅胶模具<br>图 3-4　硅胶及硅胶模具 |
|---|---|

3. PU 树脂

模型树脂是一种高分子有机聚合物，常温下为液体，经与固化剂混合后凝固成型，常常作为玩具模型或塑胶产品样板复模成型材料。目前市场上常用的模型树脂有玻丽树脂 (POLYSTER) 、环氧树脂 (EPOXY)和 PU 树脂。玻丽树脂和环氧树脂成型后比较脆且表面较为粗糙，它们常常用于一些装饰工艺品的制作。PU 树脂又叫 AB 水，它在模具型腔中的流动性较好, 可以做出复杂的形状，成型后能较好地表现模型细节，所以常常用于手办玩偶的复模。一般来说，一套 PU 树脂由 A、B 两种溶剂组成，使用时按照 1∶1 的配比搅拌混合，经过几分钟就可凝固成强度和韧性与塑料相当的固体。但不同型号的 PU 树脂成型特性有差异，可以根据产品模型或手办的设计需要来选择适当的型号。树脂及树脂模型如图 3-5 所示。表 3-1 给出了常用 PU 树脂型号及成型特性。

(a) 8012PU 树脂(A、B 剂)

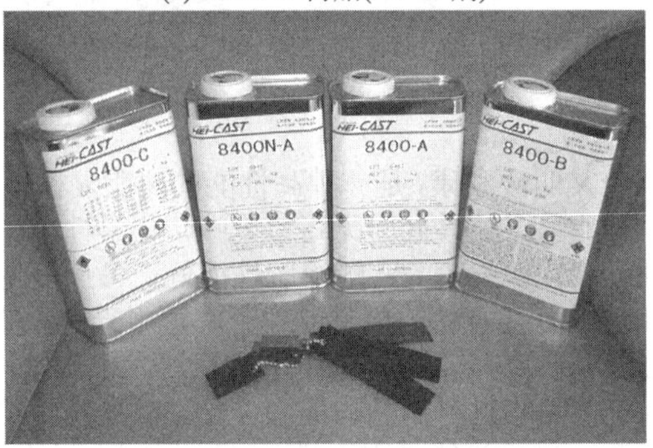


(b) 8400PU 树脂(A、B、C 剂)

(c) 树脂复模模型

图 3-5 树脂及树脂模型

**表 3-1　常用 PU 树脂型号及成型特性**

| 品名 | | 8012 | 8016T-240 | 8017 | 8400 | 8150 |
|---|---|---|---|---|---|---|
| 外观 | A 液 | 无色透明 | 无色透明 | 无色透明 | 黑色(无色透明) | 象牙色 |
| | B 液 | 深褐色 | 无色透明 | 褐色透明 | 淡黄色透明 | 淡黄色透明 |
| 固化物颜色 | | 象牙色 | 无色透明 | 象牙色 | 黑色(乳白色) | 象牙色 |
| 粘度/(mPa・s)(25℃) | A 液 | 16 | 35 | 20 | 600 | 800 |
| | B 液 | 8 | 20 | 15 | 40 | 160 |
| 比重(25℃) | A 液 | 0.96 | 1.03 | 0.95 | 1.11 | 1.09 |
| | B 液 | 1.11 | 1.17 | 1.13 | 1.17 | 1.19 |
| 混和比 | A:B | 100：100 | 100：100 | 100：100 | 100：100~500 | 100：200 |
| 可使用时间 | 25℃，100 g | 90 s | 240 s | 90 s | 6 min | 5 min |
| 固化物比重 | | 1.09 | 1.17 | 1.09 | | 1.21 |
| 硬度 | shore | 70~75D | 70D | 70~75D | 20~90A | 80~85D |
| 拉伸强度/(kg/cm$^2$) | | 270 | 310 | 240 | 15~180 | 740 |
| 伸度/% | | 8 | 30 | 40 | 200~490 | 16 |
| 弯曲强度/(kg/cm$^2$) | | 340 | 240 | 330 | | 800 |
| 弯曲模量/kg/cm$^2$ | | 14000 | 7000 | 8000 | | 18300 |
| 冲击强度/(kg・cm/cm) | | 1.5~2.5 | 6 | 3~4 | | 12~15 |
| 收缩率/% | | 1.2~1.3 | 0.9 | 1.0~1.2 | 0.4~0.6 | 0.3 |
| 线膨胀系数/℃$^{-1}$ | | $14\times10^{-5}$ | $15\times10^{-5}$ | $14\times10^{-5}$ | | $6\times10^{-5}$ |
| 脱模可能时间/min | | 5~10 | 5~30 | 5~10 | | 30~60 |
| 热变形温度/℃ | | 75 | 42 | 65 | 耐热温度：85 | 100 |
| 特征和用途 | | 工艺品 | 透明玩具 | 玩具 | 橡胶首板 | ABS 首板 |

4. 涂料

树脂模型玩偶中常用的涂料有水补土(底灰)、模型漆、手喷漆、丙烯颜料、色粉和光油等，如图 3-6～图 3-11 所示。模型漆、手喷漆、丙烯颜料和色粉都可以给树脂复模模型(白模)涂上颜色。水补土(底灰)的作用是填补白模上的小孔和细纹并给白模涂上灰色底漆，增强白模的颜色附着力。光油的作用是给上色后的树脂模型增加亮度和光泽感。

图 3-6　水补土(底灰)

图 3-7　模型漆

图 3-8　手喷漆

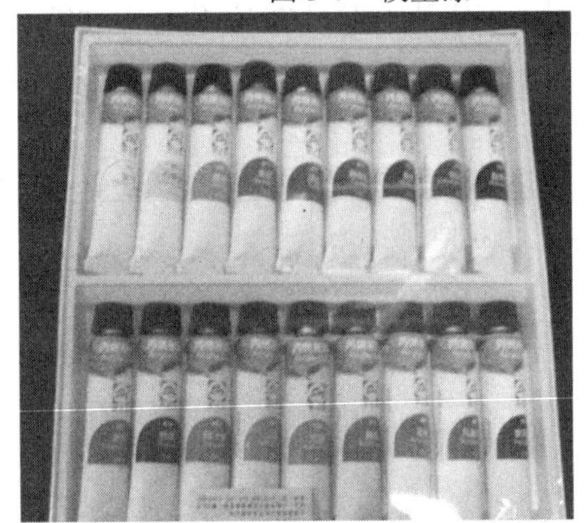

图 3-9　丙烯颜料

图 3-10　色粉

图 3-11　光油

| 3.3 玩具设计草图 | 玩具设计草图是指通过快速而准确的图形表达将抽象的设计理念转化为可视化的具象形态，便于对设计构思进行反复推敲与归纳，它具有快速记录设计构思、表达设计意图和记录、收集设计资料的作用，是在进行产品外型和结构设计时最常用的构思手段和表现形式，如图 3-12 所示。只有通过绘制大量的草图才能产生好的设计，玩具设计人员无法离开草图而从事设计工作，他们需要通过采用这种专业的“语言”进行交流和协商。因此，绘制玩具设计草图应该是玩具设计人员必备的技能。<br><br>图 3-12　玩具设计草图 |
| --- | --- |

3.3

玩具设计草图

玩具设计草图的表现形式也比较灵活，绘制工具和材料多样化，常用到的工具和材料有钢笔(或水笔)、彩色铅笔、马克笔、色粉、水粉、水彩、透明水色、速写纸、马克纸、卡纸等。从表现技法上可将玩具设计草图分为线稿草图、明暗草图、彩铅草图、马克笔草图、色粉草图以及马克笔+色粉综合草图等，如图 3-13～图 3-18 所示。

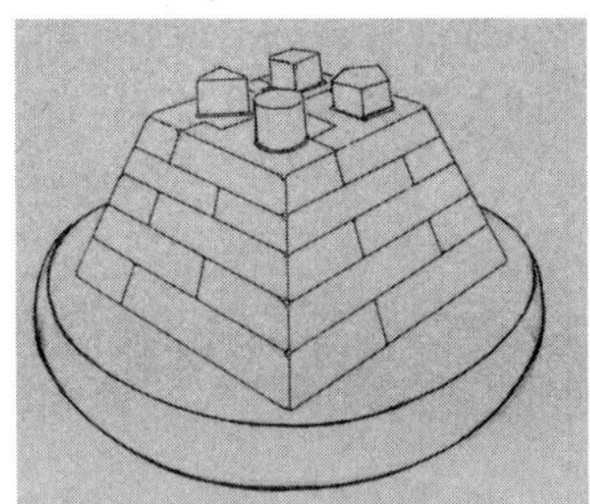

图 3-13　线稿草图

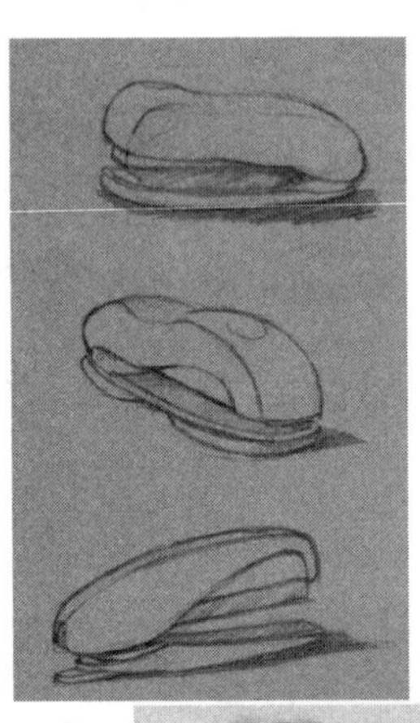

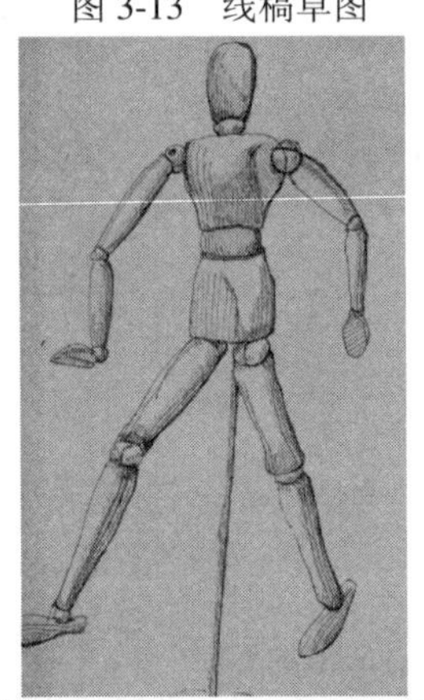

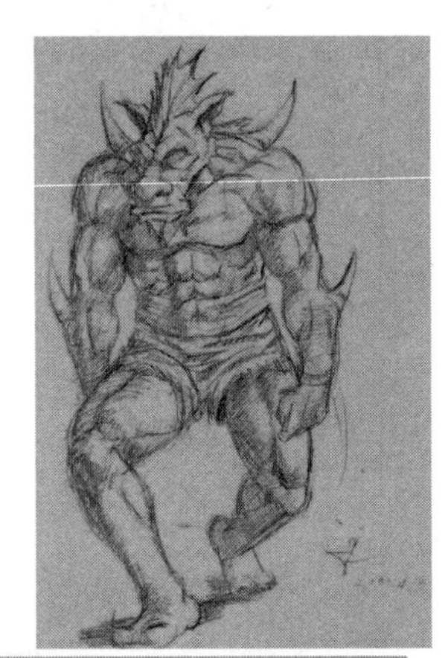

图 3-14　明暗草图

| 3.3<br>玩具设计草图 | |
|---|---|

图 3-15　彩铅草图

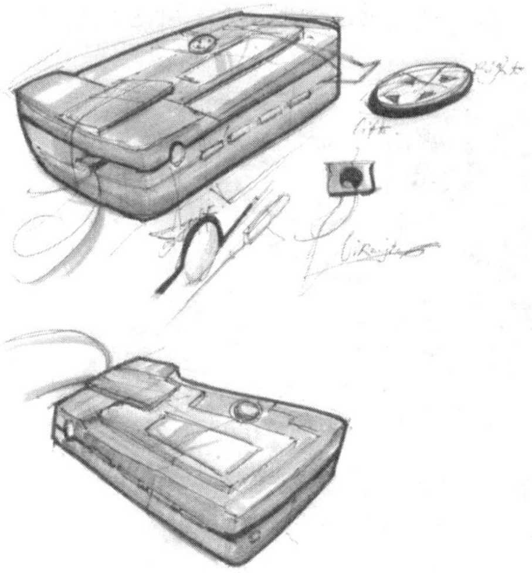

图 3-16　马克笔草图

图 3-17　色粉草图

图 3-18　马克笔+色粉综合草图

1. 组合

组合是指将几种动物的外形进行整合得到新的造型，常常用于一些科幻卡通形象的构思，如图 3-19 所示，选取恐龙、蝙蝠、鳄鱼及人的局部进行组合得到科幻怪兽的造型。

图 3-19　卡通造型的“组合”构思

2. 夸张

夸张是指对造型的局部比例夸张式地放大或缩小，以获得强烈的视觉对比效果，从而突出卡通设计个性化。如图 3-20 所示，将卡通巨人的肌肉表现得特别粗壮，将小男孩的头和眼睛的比例增大，突出其俊俏、可爱的特点。

图 3-20　卡通造型的“夸张”构思

3. 拟人化

在玩具和卡通动漫角色中常常用到拟人化的设计方法，它将人的动作、神态、表情、情感和智慧的特性赋予动、植物或其他非生物的物体上，从而塑造出生动活泼、富有生命力的形象，容易让儿童、青少年甚至成人在情感上产生共鸣，如图 3-21 所示。

图 3-21　卡通造型的“拟人”构思

| 3.4 卡通模型树脂玩偶外型设计构思方法 | 4. 变换<br>变换是指在原有主体形态上变换其局部的造型，如变换衣帽服饰的款式和颜色等，可以获得系列化的设计效果，如图 3-22 所示。 |
|---|---|

图 3-22　卡通造型的“变换”构思

附：卡通玩偶参考模型

## 四、工作(项目)案例单

| 专业学习领域 | 玩具外型设计与制作 | 总学时 | 112 |
|---|---|---|---|
| 学习情境 3 | 卡通模型树脂玩偶外型设计与制作 | 学时 | 28 |

**案例1　卡通玩偶『功夫蛙』丙烯效果图绘制**

卡通玩偶“功夫蛙”丙烯效果图绘制步骤如下：

(1) 在草图的基础上绘制“功夫蛙”的线稿，注意造型比例关系以及动作姿势的表现，如图 3-23、图 3-24 所示；

(2) 给“功夫蛙”的线稿铺上大体色彩，注意明暗关系和冷暖对比，如图 3-25 所示；

(3) 加强明暗对比调整，注意处理衣服色彩光影效果和褶皱纹理的表现，如图 3-26 所示；

(4) 进一步调整色彩效果，增强其整体感，并绘制眼珠的高光效果，完成效果图绘制，如图 3-27 所示。

图 3-23　“功夫蛙”效果图起稿

图 3-24　“功夫蛙”线稿草图

图 3-25　丙烯整体上色

图 3-26　光影色彩及褶皱纹理表现

图 3-27　整体色彩的调整及高光区域的绘制

案例2 卡通玩偶油泥模型制作

造型效果及其油泥模型如图 3-28 所示。

图 3-28 卡通造型效果图及其油泥模型

卡通玩偶油泥模型的制作步骤如下：

(1) 将效果图或草图竖直放置，以便对照观察，然后用铁丝制作骨架，并敷上少量的油泥使骨架比较结实、牢固，有条件者可以用钢管和木板做成支架，这样在制作过程中便于支撑模型和观察模型，如图 3-29、图 3-30 所示。

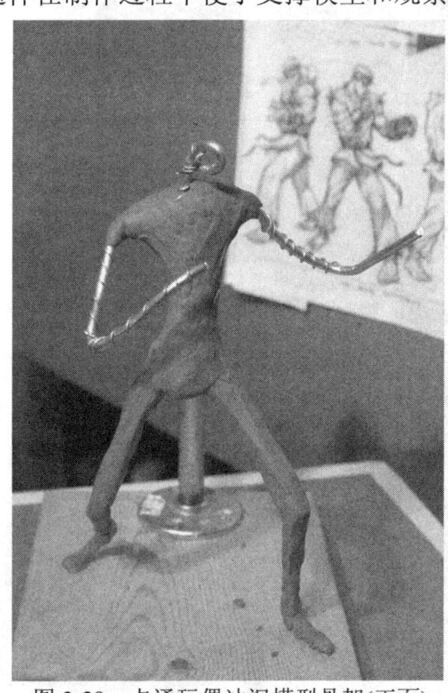

图 3-29 卡通玩偶油泥模型骨架(正面)

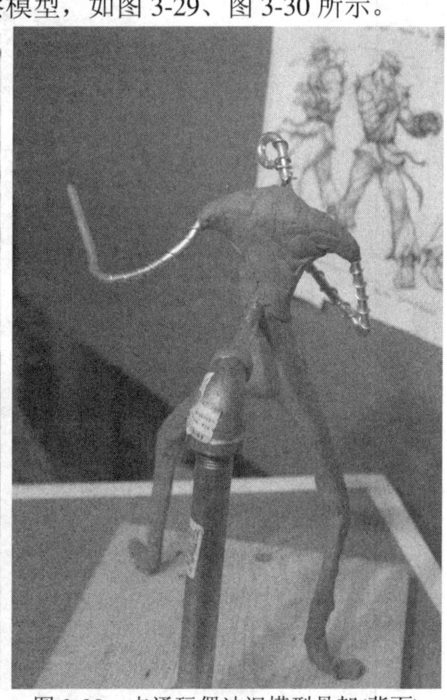

图 3-30 卡通玩偶油泥模型骨架(背面)

(2) 在骨架的基础上继续敷泥，并用大号的刮刀和塑泥棒塑出大卡通人物的身体大概结构比例关系，如图 3-31、图 3-32 所示。

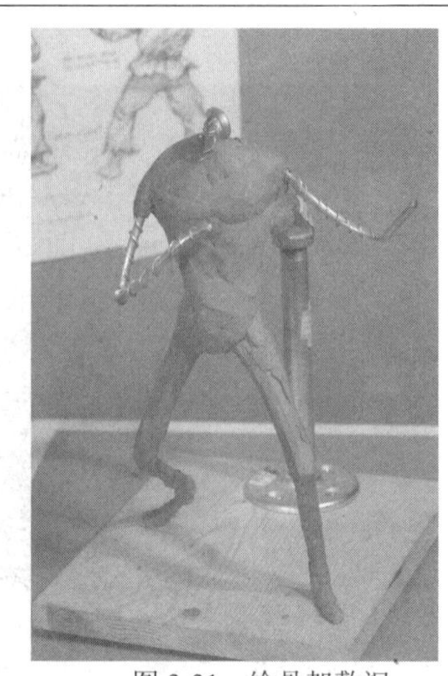

图 3-31　给骨架敷泥

图 3-32　塑出卡通玩偶基本形体比例

(3) 雕出头部、脖子的大体结构，与身体连接。注意根据图纸协调好头部与身体的比例关系，并用小号刮刀慢慢刮出身体的肌肉结构和裤子上的褶皱纹理，雕刻过程中应从多个角度反复对照图纸和油泥模型，尽量把肌肉和褶皱纹理表现得准确、细致，如图 3-33～图 3-37 所示。

图 3-33　刮出卡通玩偶裤子上的褶皱纹理

图 3-34　刮出卡通玩偶的肌肉(正面)

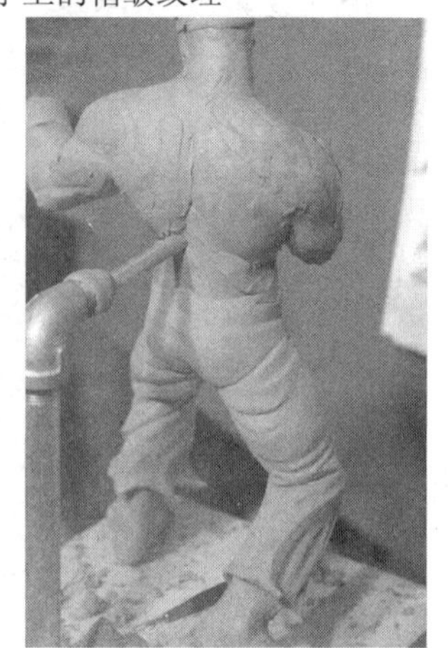

图 3-35　刮出卡通玩偶的肌肉(背面)

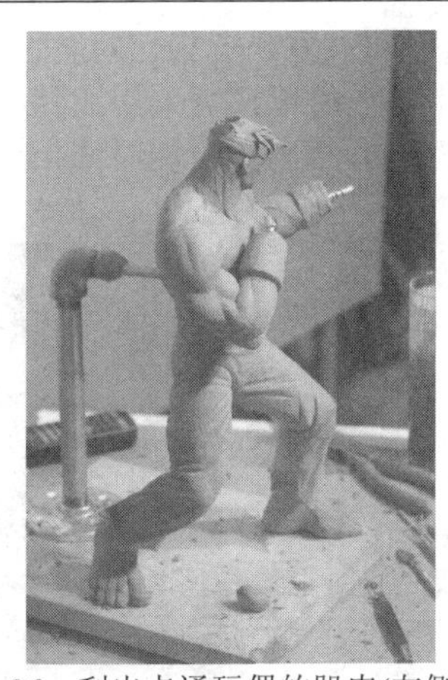

图 3-36 刮出卡通玩偶的肌肉(左侧面)　图 3-37 刮出卡通玩偶的肌肉(右侧面)

(4) 刻画卡通人物的面部五官、头发和拳头的细节，并给上身添加衣服，方法同上。注意雕塑五官时要选用最小号的刮刀和刻刀，尽可能耐心细致地刻画，以保证面部表情惟妙惟肖，如图 3-38～图 3-41 所示。

图 3-38 雕刻卡通玩偶的五官和衣服(右侧面)　图 3-39 雕刻卡通玩偶的五官和衣服(正面)

图 3-40 雕刻卡通玩偶的五官和衣服(正面局部放大)　图 3-41 雕刻卡通玩偶的五官和衣服(右侧面局部放大)

案例2　卡通玩偶油泥模型制作

(5) 进一步观察并调整细节之处，将头发、五官、四肢、肌肉、衣服纹理等细节表现得淋漓尽致。在这个过程中，还可以适当采用酒精喷灯距离模型 6～7 cm 处进行表面短暂喷烧处理(注意控制好距离和喷烧时间)，使模型表面比较细腻光滑，如图 3-42、图 3-43 所示。

图 3-42　头发、五官等细节的处理(正面)

图 3-43　头发、五官等细节的处理(侧面)

(6) 最后做模型的上色处理。先给油泥模型表面均匀喷涂水补土(水补土不宜喷得太厚)作为底漆，如图 3-44、图 3-45 所示，等干了之后再选用丙烯颜料或者模型漆等涂料给模型部位填上色彩，要注意上色时尽量不要超出填涂的区域，细小的部位或者色彩重叠的部位可以用不干胶遮挡的方法来保证上色的效果，如图 3-46 所示。

图 3-44　给卡通玩偶油泥模型喷涂水补土(正面)

图 3-45　给卡通玩偶油泥模型喷涂水补土(背面)

图 3-46　给卡通玩偶油泥模型涂模型漆或丙烯颜料

| 案例3 卡通树脂模型玩偶复模制作 | 卡通树脂模型玩偶复模制作步骤如下：<br>(1) 雕刻好油泥模型，如图 3-47 所示，并准备好真空复模机、桶、勺子、笔刀、量筒、电子秤、手术刀、手套和开模钳等工具和硅胶、固化剂、封口胶、502 胶水、有机塑胶板等材料。<br>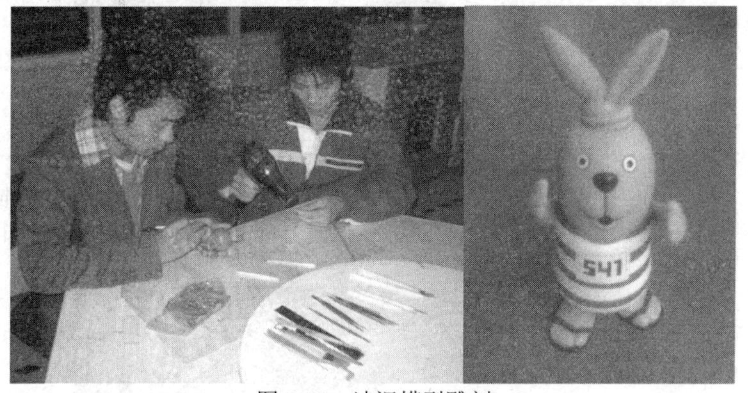<br><br>图 3-47　油泥模型雕刻<br>(2) 量出油泥模型的长、宽和高，以确定硅胶模具的容器尺寸(在油泥模型尺寸的基础上增加 2～3 cm)，然后使用有机塑胶板材料(或木板)制作长方体容器，注意四周要密封完好，如图 3-48 所示。<br><br>图 3-48　硅胶模具容器<br>(3) 在容器中放入少量废弃的硅胶块，以节约材料，如图 3-49、图 3-50 所示。<br><br>图 3-49　切割固体硅胶块 |
|---|---|

图 3-50 将固体硅胶块装入硅胶模具容器

(4) 用专用的容器盛取硅胶，按 100∶4 的比例加入硅胶固化剂，即 100 克硅胶加入 4 克固化剂，并在 3～5 分钟内快速搅拌均匀，如图 3-51～图 3-53 所示。

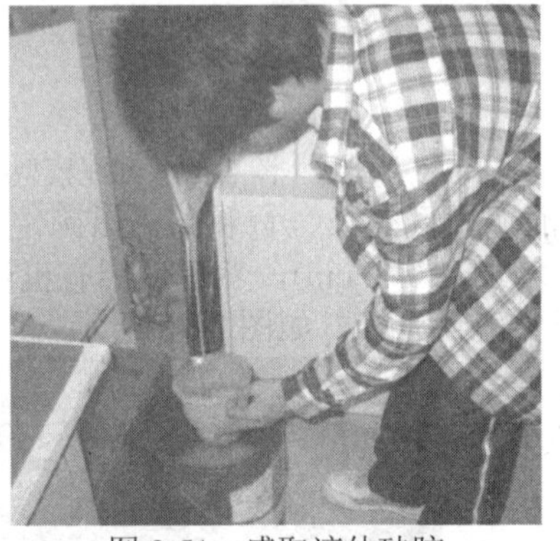

图 3-51 盛取液体硅胶

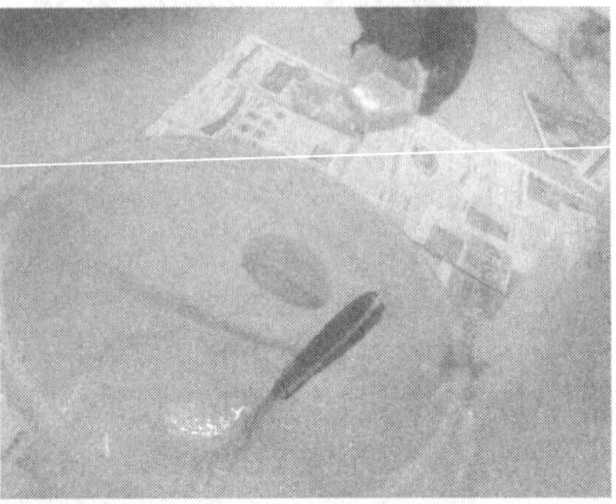

图 3-52 加入硅胶固化剂

图 3-53 搅拌均匀液体硅胶和固化剂

案例3 卡通树脂模型玩偶复模制作

(5) 将硅胶放入真空复模机进行搅拌，并抽掉液态硅胶中的空气。抽真空的时间不宜过长，需根据硅胶的多少而决定，一般是5～20分钟不等，如图3-54、图3-55所示。

图3-54 将搅拌后的液体硅胶放入真空复模机

图3-55 开启真空复模机

(6) 将抽成真空的液态硅胶倒入长方体容器，然后把硅胶和容器一起放入真空复模机，再次抽真空，以确保将硅胶注入容器时产生的空气排出。根据实际情况，如果容器较小，抽真空时，硅胶会因为空气排出时被撑起，导致溢出。我们一定要控制好真空复模机，一旦溢出就要停止抽真空，将空气排入真空复模机，此时硅胶会受到大气压强被压回容器里，这样重复做5～15次(需要根据硅胶多少决定)，如图3-56、图3-57所示。

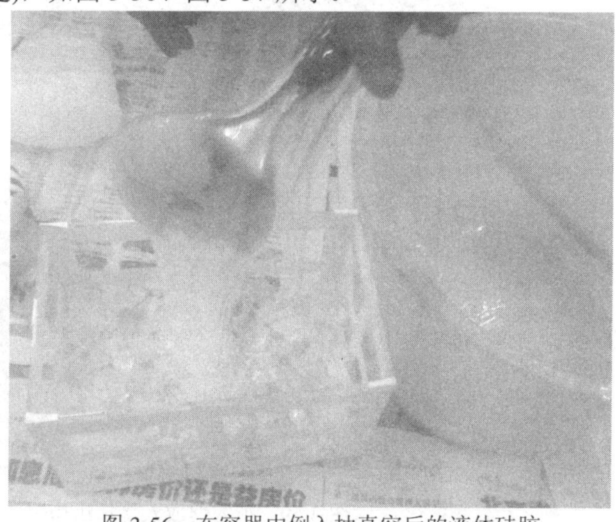

图3-56 在容器中倒入抽真空后的液体硅胶

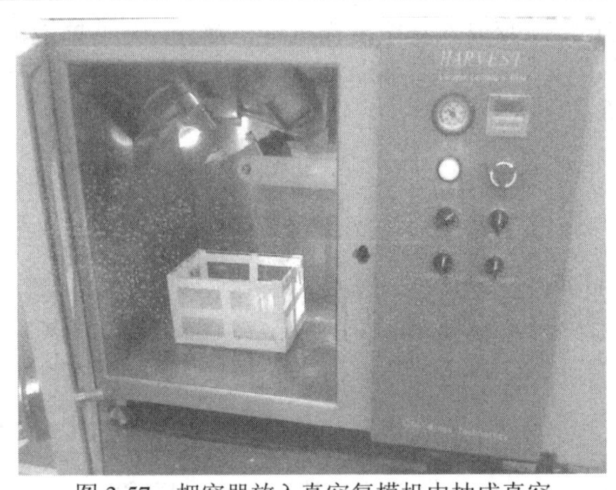

图 3-57　把容器放入真空复模机中抽成真空

(7) 抽真空完成后，把油泥模型横放在液态硅胶上面定位，使油泥模型的一半嵌入硅胶中，另一半露出，如图 3-58 所示。然后放入烤箱烤干，烤箱温度设置为 60℃左右，如图 3-59 所示，利用烤箱烤干硅胶可使硅胶加速硬化，缩减硅胶模具的制作时间，待硅胶烤干至可使油泥模型不轻易移位时就可以进行下半部分硅胶模制作。

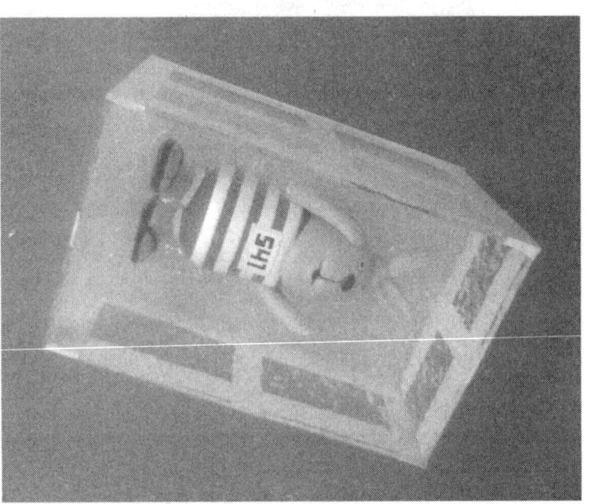

图 3-58　把油泥模型平放入容器

图 3-59　把容器放入烤箱烘烤

案例3 卡通树脂模型玩偶复模制作

(8) 按照步骤(2)～(4)搅拌好硅胶和固化剂，并抽真空，把已抽成真空的液态硅胶倒入容器，使硅胶完全注满容器，如图 3-60 所示。然后再次进行抽真空，和步骤(6)一样，抽真空过程中需要重复排气和抽真空 5～15 次，如图 3-61 所示。

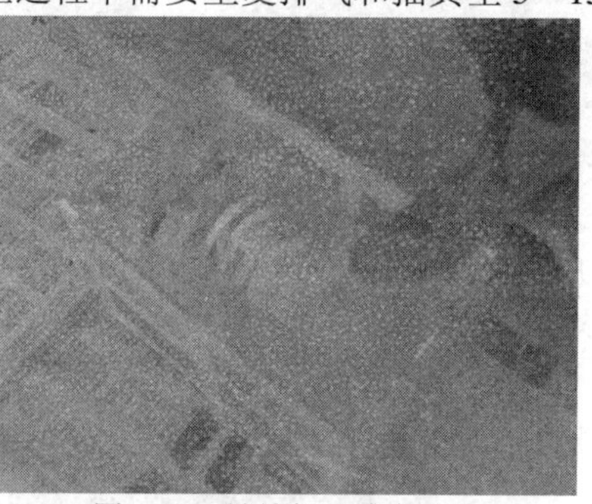

图 3-60 继续加入液态硅胶

图 3-61 把容器再次放入真空复模机抽真空

(9) 完成以上工作后，把容器放入烤箱进行烘烤，温度设置在 60℃左右，如图 3-62 所示。经过 1～2 小时可凝固成固体硅胶模具，如图 3-63 所示。

图 3-62 把容器再次放入烤箱烘烤

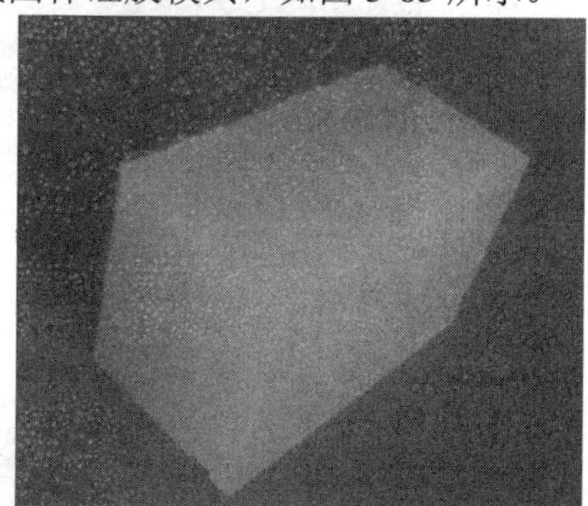

图 3-63 凝固后的固体硅胶模具

(10) 从烤箱中取出硅胶模具，使用手术刀在硅胶模的四周割出波浪型的刀纹，刀痕深度不要太深(波浪型的刀纹是用于被开模后的上模和下模的定位，防止上模和下模合模时产生错位)。然后使用开模钳嵌入刀纹里，把刀纹的间隙撑大，再使用手术刀进行开模，将硅胶模具分成上、下半模，并取出油泥模型。完成之后在硅胶模上割出浇铸口和排气孔，浇铸口和排气孔的具体切割位置需要根据手办的实际情况来确定位置，如图 3-64、图 3-65 所示。

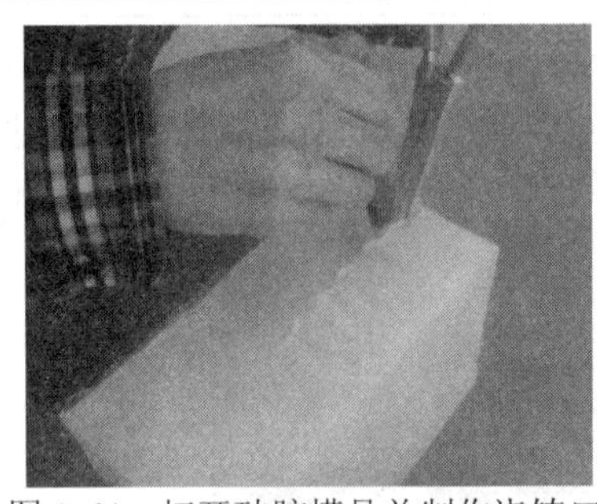

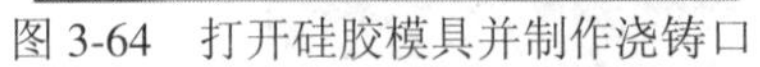

图 3-64　打开硅胶模具并制作浇铸口

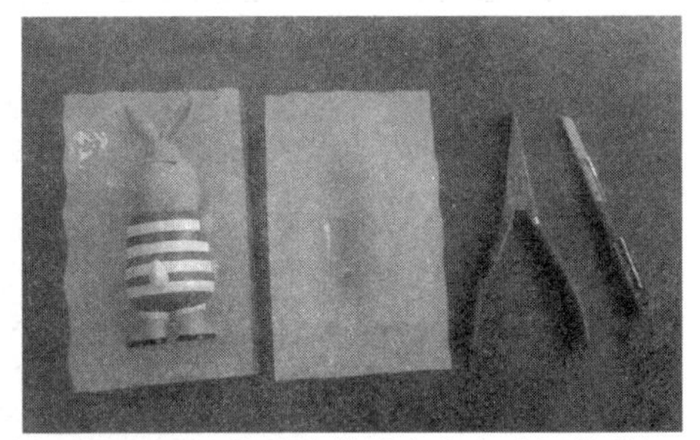

图 3-65　从硅胶模具中取出油泥模型

(11) 将分好的硅胶模具重新合上，并用封箱胶将模具捆牢，如图 3-66 所示。

图 3-66　重新合上硅胶模具

(12) 用两个一次性纸杯分别盛取等量的 8014 PU 树脂 A、B 溶剂，如图 3-67、图 3-68 所示。

图 3-67　8014 PU 树脂

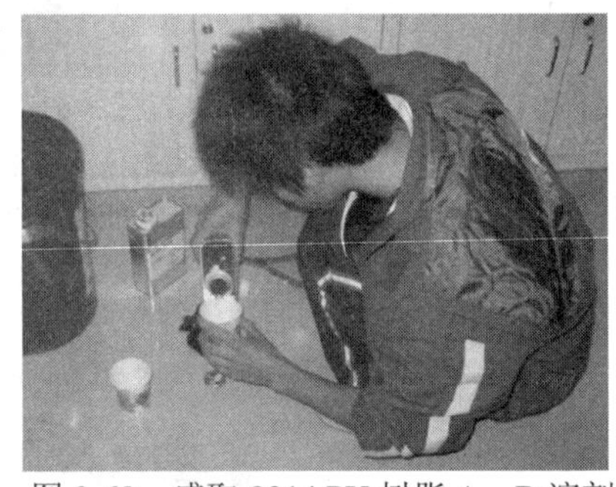

图 3-68　盛取 8014 PU 树脂 A、B 溶剂

(13) 将 B 溶剂倒入 A 溶剂中，并快速搅拌均匀，时间约 10 秒钟，如图 3-69 所示。

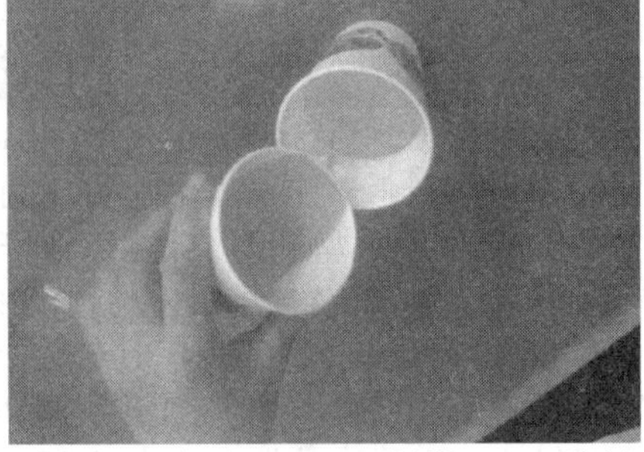

图 3-69　混合 8014 PU 树脂 A、B 溶剂

(14) 将搅拌均匀的 8014 PU 树脂在其凝固之前缓慢注入浇铸口，注入速度不能太快，以免 AB 混合液瞬间注入时产生气泡，如图 3-70 所示。

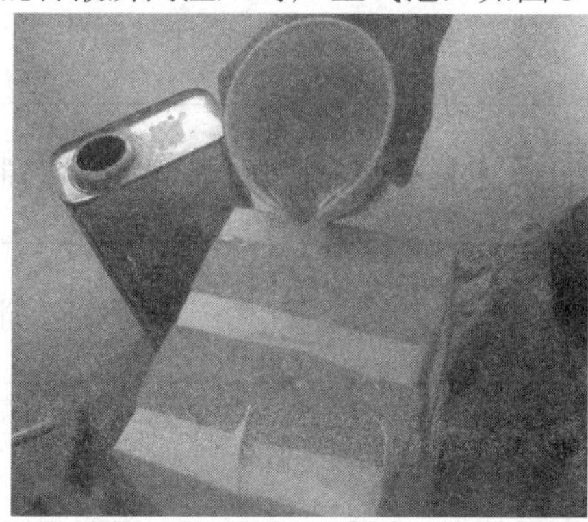

图 3-70 将混合后的 8014 PU 树脂倒入硅胶模具

(15) 将注入 8014 PU 树脂的硅胶模具再次放到烘箱中加热，温度约 60℃，时间约 1 小时，如图 3-71 所示。

图 3-71 把注入 8014 PU 树脂的硅胶模具放入烤箱烘烤

(16) 等 8014 PU 树脂完全凝固后，从硅胶模具取出复模的树脂样件，如图 3-72 所示。之后就可以对树脂样件进行打磨、喷灰和喷漆等后处理工作。

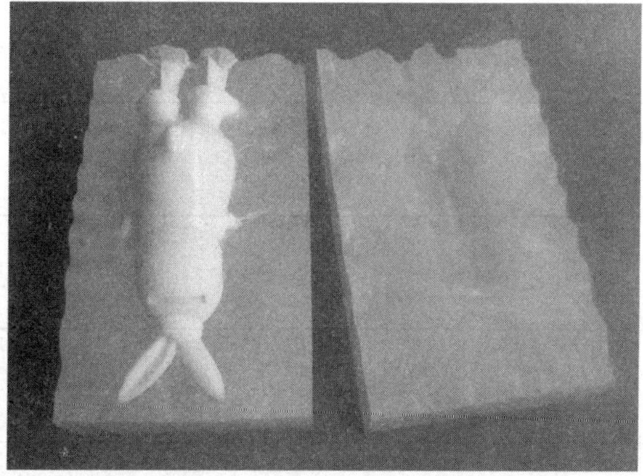

图 3-72 凝固后的树脂样件

## 五、工作(项目)练习单

| 专业学习领域 | 玩具外型设计与制作 | 总学时 | 112 |
| --- | --- | --- | --- |
| 学习情境3 | 卡通模型树脂玩偶外型设计与制作 | 学时 | 28 |

| 序号 | 练 习 内 容 | 评 分 | 评审签名 | 日期 |
| --- | --- | --- | --- | --- |
| 1 | 木偶人姿态草图写生训练 | | | |
| 2 | 卡通模型树脂玩偶设计草图临摹训练 | | | |
| 3 | 卡通模型树脂玩偶效果图临摹训练 | | | |
| | | | | |
| | | | | |
| | | | | |
| | | | | |
| | | | | |
| | | | | |
| | | | | |
| | | | | |
| | | | | |

## 六、工作(项目)计划单

<table>
<tr><td colspan="2">专业学习领域</td><td colspan="2">玩具外型设计与制作</td><td>总学时</td><td>112</td></tr>
<tr><td colspan="2">学习情境 3</td><td colspan="2">卡通模型树脂玩偶外型设计与制作</td><td>学时</td><td>28</td></tr>
<tr><td>序号</td><td colspan="2">工作流程(步骤)</td><td>预计时间</td><td>工作环境</td><td>使用资源</td></tr>
<tr><td>1</td><td colspan="2"></td><td></td><td></td><td></td></tr>
<tr><td>2</td><td colspan="2"></td><td></td><td></td><td></td></tr>
<tr><td>3</td><td colspan="2"></td><td></td><td></td><td></td></tr>
<tr><td>4</td><td colspan="2"></td><td></td><td></td><td></td></tr>
<tr><td>5</td><td colspan="2"></td><td></td><td></td><td></td></tr>
<tr><td>6</td><td colspan="2"></td><td></td><td></td><td></td></tr>
<tr><td rowspan="3">计划评价</td><td>班　级</td><td></td><td>第　组</td><td>组长签名</td><td></td></tr>
<tr><td>教师签名</td><td colspan="2"></td><td>日　期</td><td></td></tr>
<tr><td colspan="5">评语：</td></tr>
</table>

## 七、工作(项目)任务分配单

<table>
<tr><td colspan="2">专业学习领域</td><td colspan="2">玩具外型设计与制作</td><td>总学时</td><td>112</td></tr>
<tr><td colspan="2">学习情境 3</td><td colspan="2">卡通模型树脂玩偶外型设计与制作</td><td>学时</td><td>28</td></tr>
<tr><td>姓　名</td><td>班 级</td><td>学 号</td><td colspan="2">任 务 分 配</td><td>备注</td></tr>
<tr><td></td><td></td><td></td><td colspan="2"></td><td></td></tr>
<tr><td></td><td></td><td></td><td colspan="2"></td><td></td></tr>
<tr><td></td><td></td><td></td><td colspan="2"></td><td></td></tr>
<tr><td></td><td></td><td></td><td colspan="2"></td><td></td></tr>
<tr><td></td><td></td><td></td><td colspan="2"></td><td></td></tr>
<tr><td></td><td></td><td></td><td colspan="2"></td><td></td></tr>
<tr><td colspan="6">任务分配说明：</td></tr>
</table>

<table>
<tr><td>班　　级</td><td></td><td>第　组</td><td>组长签名</td><td></td></tr>
<tr><td>教师签名</td><td colspan="2"></td><td>日　　期</td><td></td></tr>
</table>

## 八、工作(项目)决策单

<table>
<tr><td>专业学习领域</td><td colspan="5">玩具外型设计与制作</td><td>总学时</td><td>112</td></tr>
<tr><td>学习情境3</td><td colspan="5">卡通模型树脂玩偶外型设计与制作</td><td>学时</td><td>28</td></tr>
<tr><td colspan="8">方 案 对 比 评 价</td></tr>
<tr><td>评价要素<br>草案名称</td><td>消费对象</td><td>造型主题</td><td>五官</td><td>神态</td><td>姿势</td><td>色彩效果</td><td>综合评价</td></tr>
<tr><td></td><td></td><td></td><td></td><td></td><td></td><td></td><td></td></tr>
<tr><td></td><td></td><td></td><td></td><td></td><td></td><td></td><td></td></tr>
<tr><td></td><td></td><td></td><td></td><td></td><td></td><td></td><td></td></tr>
<tr><td colspan="8">方 案 修 改 意 见</td></tr>
<tr><td colspan="8">方案修改说明:</td></tr>
<tr><td colspan="8">方 案 决 策</td></tr>
<tr><td colspan="8">方案决策说明:</td></tr>
<tr><td>班　级</td><td colspan="3"></td><td>第　组</td><td>组长签名</td><td colspan="2"></td></tr>
<tr><td>教师签名</td><td colspan="4"></td><td>日　期</td><td colspan="2"></td></tr>
</table>

## 九、工作(项目)材料工具清单

| 专业学习领域 | | 玩具外型设计与制作 | | | 总学时 | | 112 |
|---|---|---|---|---|---|---|---|
| 学习情境3 | | 卡通模型树脂玩偶外型设计与制作 | | | 学时 | | 28 |
| 项目 | 序号 | 名　称 | 型号(规格) | 作　用 | 数量 | 使用前 | 使用后 |
| 所用设备仪器仪表 | 1 | | | | | | |
| | 2 | | | | | | |
| | 3 | | | | | | |
| | 4 | | | | | | |
| | 5 | | | | | | |
| 所用材料 | 1 | | | | | | |
| | 2 | | | | | | |
| | 3 | | | | | | |
| | 4 | | | | | | |
| | 5 | | | | | | |
| | 6 | | | | | | |
| | 7 | | | | | | |
| | 8 | | | | | | |
| 所用工具 | 1 | | | | | | |
| | 2 | | | | | | |
| | 3 | | | | | | |
| | 4 | | | | | | |
| | 5 | | | | | | |
| | 6 | | | | | | |
| | 7 | | | | | | |
| | 8 | | | | | | |
| | 9 | | | | | | |
| 班　级 | | | | 第　组 | 组长签名 | | |
| 教师签名 | | | | | 日　期 | | |

## 十、工作(项目)实施检查单

<table>
<tr><td colspan="2">专业学习领域</td><td colspan="3">玩具外型设计与制作</td><td>总学时</td><td>112</td></tr>
<tr><td colspan="2">学习情境3</td><td colspan="3">卡通模型树脂玩偶外型设计与制作</td><td>学时</td><td>28</td></tr>
<tr><td>序号</td><td>工作流程</td><td>工作环境</td><td>预计所需时间</td><td>实际完成时间</td><td colspan="2">工作过程中遇到的问题及解决方法</td></tr>
<tr><td></td><td></td><td></td><td></td><td></td><td colspan="2"></td></tr>
<tr><td></td><td></td><td></td><td></td><td></td><td colspan="2"></td></tr>
<tr><td></td><td></td><td></td><td></td><td></td><td colspan="2"></td></tr>
<tr><td></td><td></td><td></td><td></td><td></td><td colspan="2"></td></tr>
<tr><td></td><td></td><td></td><td></td><td></td><td colspan="2"></td></tr>
<tr><td></td><td></td><td></td><td></td><td></td><td colspan="2"></td></tr>
<tr><td></td><td></td><td></td><td></td><td></td><td colspan="2"></td></tr>
<tr><td colspan="7">实施情况说明：</td></tr>
</table>

<table>
<tr><td>班　级</td><td></td><td>第　组</td><td>组长签名</td><td></td></tr>
<tr><td>教师签名</td><td colspan="2"></td><td>日　期</td><td></td></tr>
</table>

# 十一、工作(项目)评价单

| 专业学习领域 | 玩具外型设计与制作 | 总学时 | 112 |
|---|---|---|---|
| 学习情境3 | 卡通模型树脂玩偶外型设计与制作 | 学时 | 28 |

姓名： 性别： 班级： 学号：

| 评价项目 | | | 评分标准 | 自评分 | 小组评分 | 教师评分 |
|---|---|---|---|---|---|---|
| 工作成果评分(50分) | | 创意(10分) | 创意新颖，造型活泼、有张力，符合环保安全以及工艺要求，具有市场前景。 | | | |
| | | 设计草图及效果图(20分) | 草图数量多，表达快速、流畅、准确，画面富有一定的艺术表现力，色彩搭配能突出主题，衬托形态特征，质感强，画面视觉冲击力强。 | | | |
| | | 样板模型(20分) | 比例尺寸合理，形态逼真，立体感强，制作精细。 | | | |
| 工作过程与展示、汇报能力评分(15分) | 方法能力(5分) | 信息资讯(1分) | 善于查阅资料、收集信息，归纳分析相关情况。 | | | |
| | | 自主学习(1.5分) | 主动学习新知识、新技术，具有良好的学习能力。 | | | |
| | | 勤学苦练(1.5分) | 能勤奋认真地完成各项作业，课后能主动巩固练习。 | | | |
| | | 总结反思(1分) | 善于总结收获，反思经验教训。 | | | |
| | 社会能力(5分) | 交流沟通(1分) | 善于与教师、同学交流经验。 | | | |
| | | 言语表达(1分) | 语言表达流利、准确。 | | | |
| | | 团队协作(1.5分) | 团队分工合理，能相互协作完成工作。 | | | |
| | | 环保安全(1.5分) | 具有良好的环保、卫生和安全意识，能正确、规范地操作仪器设备。 | | | |
| | 个人能力(5分) | 自信(1分) | 对学习充满信心，遇到困难不退缩，不气馁。 | | | |
| | | 兴趣(1分) | 能主动培养专业学习兴趣。 | | | |
| | | 认真(1.5分) | 做事认真，注重质量和效果。 | | | |
| | | 创新(1.5分) | 思维灵活，具有创新精神。 | | | |
| 纪律考勤评分(15分) | | | 迟到1次扣2分，旷课1次扣5分，直到扣完该项分数为止。 | | | |
| 平时作业评分(20分) | | | 平时作业按优、良、中、及格、差(或缺交)五个等级分别转换为百分制的95、85、75、65、0分，该项分数为所有平时作业的平均分。 | | | |
| 合　计 | | | | | | |
| 总评＝(教师评分×80%＋小组评分×10%＋自评分×10%) | | | | | | |

| 班　级 | | 第　组 | 组长签名 | |
|---|---|---|---|---|
| 教师签名 | | | 日　期 | |

# 学习情境 4

## 机器人塑胶玩具外型设计与制作

## 一、工作(项目)任务单

<table>
<tr><td>专业学习领域</td><td>玩具外型设计与制作</td><td>总学时</td><td>112</td></tr>
<tr><td>学习情境4</td><td>机器人塑胶玩具外型设计与制作</td><td>学时</td><td>28</td></tr>
<tr><td>任务描述</td><td>学生以5至6人为小组收集相关市场信息和图片资料，设计一款色彩系列化的机器人造型塑胶玩具，绘制其CAD效果图，并运用快速成型机制作塑胶样板，最后对其设计作品进行展示和答辩。</td><td colspan="2" rowspan="2"> 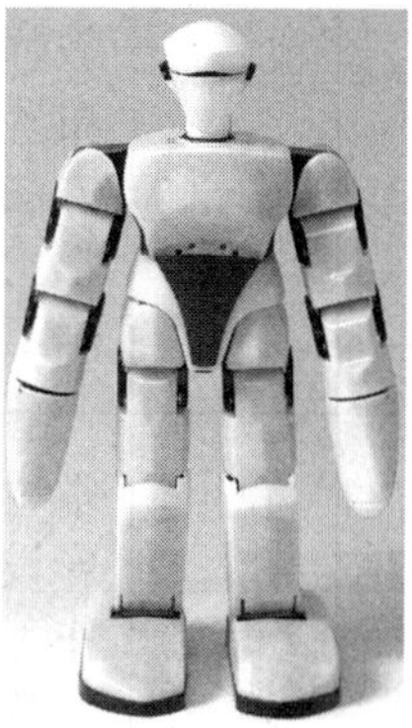</td></tr>
<tr><td>具体任务</td><td>1. 熟悉机器人塑胶玩具产品市场信息；<br>2. 绘制机器人塑胶玩具草图；<br>3. 设计机器人塑胶玩具外型，并进行色彩系列化设计；<br>4. 运用CAD软件设计机器人塑胶玩具外型并渲染效果图；<br>5. 运用快速成型机制作与装配机器人塑胶玩具外型样板；<br>6. 编写设计方案书，汇报展示设计成果。</td></tr>
<tr><td>学习目标</td><td colspan="3">1. 学会搜集、分析机器人塑胶玩具产品信息；<br>2. 掌握玩具产品色彩系列化设计方法；<br>3. 掌握CAD软件的三维建模及效果图渲染方法；<br>4. 运用创意方法设计机器人塑胶玩具外型；<br>5. 掌握快速成型设备的操作技巧及塑胶样板的制作方法；<br>6. 勤于动手实践，创新求变。</td></tr>
<tr><td>资讯材料</td><td colspan="3">1. 李珠志，卢飞跃，甘庆军. 玩具造型设计[M]. 北京：化学工业出版社，2007.<br>2. 中国就业培训指导中心，中国玩具协会. 国家职业资格培训教程：玩具设计师(基础知识)[M]. 北京：中国社会保障出版社.<br>3. 李喜龙. 卡通角色设计[M]. 天津：天津大学出版社.<br>4. 李铁、张海. 动画角色设计[M]. 北京：清华大学出版社.<br>5. 立雅科技. SolidWorks 2007中文版自学手册[M]. 北京：人民邮电出版社.<br>6. 孙梅， 李波，陈乃峰. SolidWorks三维造型范例教程[M]. 北京：清华大学出版社.<br>7. 詹迪维. SolidWorks产品设计实例精解(2008中文版)[M]. 北京：机械工业出版社.<br>8. 江洪，等. SolidWorks实例解析——曲线、曲面、仿真、渲染[M]. 北京：机械工业出版社.<br>9. 江洪，等. SolidWorks渲染精彩实例解析[M]. 北京：机械工业出版社.<br>10. Stratasys公司. FDM 200mc快速成型系统使用手册.</td></tr>
</table>

| 学习安排 | | | | |
| --- | --- | --- | --- | --- |
| 学习步骤 | 阶段 | 工作过程 | 微观教学法建议 | 学时 |
| | 资讯 | 教师行为：介绍机器人塑胶玩具的特点及市场情况，布置项目任务下发任务单，讲解玩具色彩系列化设计方法。<br>学生行为：收集机器人塑胶玩具产品的信息资源，明确工作任务，练习玩具产品草图绘制。 | 讲授法<br>演示法<br>实践法 | 2 |
| | 计划 | 学生行为：小组讨论机器人塑胶玩具的外型结构及色彩设计方案，绘制其设计草图，填写工作计划单、制作工具/材料单及工作任务分配单。<br>教师行为：组织小组讨论，观察学生的学习和工作表现，解答学生疑问，讲解对称与平衡的外型设计方法。 | 小组讨论法<br>头脑风暴法 | 4 |
| | 决策 | 学生行为：设计方案与工作计划汇报，修改设计方案和工作计划，填写工作决策单。<br>教师行为：组织学生进行方案汇报答辩，对学生的设计方案和工作计划提出修改建议。 | 小组讨论法 | 2 |
| | 实施 | 学生行为：绘制机器人塑胶玩具的CAD效果图，应用快速成型机制作并装配其塑胶样板。<br>教师行为：讲解快速成型技术、塑胶玩具样板装配工艺及手工上色工艺，辅导学生绘制CAD效果图和制作样板，观察学生的学习和工作表现。 | 四步教学法<br>讲授法 | 16 |
| | 检查 | 学生行为：对项目完成的情况进行自我检查和反思，修改不足之处，填写工作自查表，制作项目汇报PPT。<br>教师行为：检查学生项目完成的情况，并提出修改意见和建议，解答学生疑问。 | 引导法 | 2 |
| | 评估 | 学生行为：进行项目成果汇报答辩，总结在此学习情境中的收获与体会，评价自己的表现，填写工作评价单和教学反馈单。<br>教师行为：组织项目成果汇报答辩，总结和评价学生在此学习情境中的表现，填写工作评价单。 | 多媒体<br>演示法 | 2 |

## 二、工作(项目)资讯单

<table>
<tr><td>专业学习领域</td><td>玩具外型设计与制作</td><td>总学时</td><td>112</td></tr>
<tr><td>学习情境 4</td><td>机器人塑胶玩具外型设计与制作</td><td>学时</td><td>28</td></tr>
<tr><td>资讯问题</td><td colspan="3">1. 市场上有哪些类型的机器人玩具，功能如何？<br>2. 机器人玩具的外型结构与其功能动作有何关系？在设计其外型结构时是否需要与其动作功能联系起来？<br>3. 机器人外型设计的素材来源有哪些？采用什么方法设计机器人玩具外型？<br>4. 如何进行色彩系列化设计？<br>5. 哪些 CAD 软件可以用来进行机器人玩具外型设计？<br>6. Solidworks 软件如何进行三维建模及效果图的渲染？<br>7. 快速成型的原理是什么？快速成型材料有哪些？<br>8. 在使用快速成型之前需要准备什么？快速成型的后处理工序有哪些？</td></tr>
<tr><td>资讯引导</td><td colspan="3">针对上述 8 个资讯问题，请参考下面对应序号后的资讯：<br>1. 参见工作(项目)信息单 4.1；<br>2. 参见工作(项目)信息单 4.2；<br>3. 参见工作(项目)信息单 4.2 及资讯材料 3、4；<br>4. 参见工作(项目)信息单 4.2、资讯材料 2 及案例 1；<br>5. 参见工作(项目)信息单 4.3 及资讯材料 1；<br>6. 参见资讯材料 5、6、7、8、9；<br>7. 参见工作(项目)信息单 4.4 及资讯材料 10；<br>8. 参见资讯材料 10 及案例 2。</td></tr>
</table>

## 三、工作(项目)信息单

| 专业学习领域 | 玩具外型设计与制作 | 总学时 | 112 |
|---|---|---|---|
| 学习情境 4 | 机器人塑胶玩具外型设计与制作 | 学时 | 28 |

| 序号 | 信 息 内 容 |
|---|---|
| 4.1<br>机器人塑胶玩具的市场前景及分类 | 机器人玩具由来已久。虽然机器人玩具从欧洲工业革命时期已经出现，并且让人们感受到了驾驭机械的自豪和乐趣，但直到今天机器人玩具才进入了一个新时代。随着科幻电影及动漫文化在国内的持续盛行，以及计算机信息和智能技术的推广普及，机器人玩具受到了广大青少年及年轻白领的喜爱和追捧。在 2005 年的美国玩具展中，有 75%的玩具展品装上了芯片。2005 年，美国《玩具心愿》杂志评出的 12 种热销玩具排行榜中，有 9 种与电脑相关。图 4-1 给出了几种市场热销玩具。机器人玩具是一种时代的产物，具有其特定的文化内涵，体现了当代科学技术的发展进步，也满足了年轻一代认同科技创造力以及对未来高科技向往和追求的心理。机器人玩具预示着将来玩具市场的发展趋势，全球著名的行业研究机构 In-Stat 预测，2012 年世界智能(机器人)玩具销售收入将达到 90 亿美元。<br><br>(a) 监视机器人　(b) 能长大的娃娃　(c) 智能网络 MP3<br>(d) 智能机器狗　(d) 智能遥控变形怪兽<br>图 4-1　几种市场热销玩具<br>目前市场上的“机器人玩具”主要分为三大类：机器人模型玩具、机电型机器人玩具和智能型机器人玩具。<br>机器人模型玩具是指只具有机器人造型结构的玩具，它并不具备机电功能或智能、自动控制的功能，只是一种动漫文化和科幻电影的周边衍生品，常常作为装饰品或发烧友的收藏品，如图 4-2 所示的机器人模型、图 4-3 所示的“饮水机”变形金刚玩具等。 |

4.1 机器人塑胶玩具的市场前景及分类

图 4-2　机器人模型　　图 4-3 “饮水机”变形金刚玩具

机电型机器人玩具是指具有机器人造型结构以及简单的机械、声、光、电和遥控功能的玩具，如图 4-4 所示的遥控昆虫机器人玩具，它可由操纵者遥控，以惊人的速度自由行走，眼睛还可变换不同的颜色，还可以遥控发射子弹向目标发起攻击。这类产品具备一定的机器人功能特点，价格适中(价格为几百元人民币)，是目前国内机器人玩具产品市场中的主流产品。

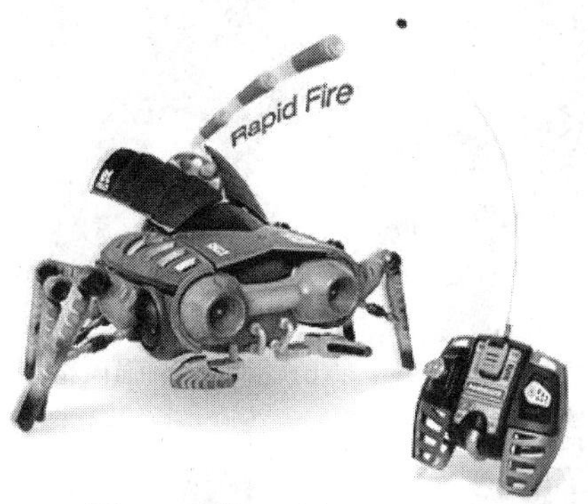


图 4-4 遥控昆虫机器人玩具

智能型机器人玩具是指既具有机器人造型结构，又具备电子智能和自动控制功能(如与人对话、自动巡航等功能)的玩具，如图 4-5 所示的智能机器狗玩具、遥控智能机器人玩具等。虽然这类机器人玩具对技术的要求比较高，而且价格昂贵(价格为几千到上万元人民币不等)，但它具有更广阔的市场发展前景。许多国内大型玩具企业已经充分意识到智能机器人玩具的巨大商机，纷纷增加投入，积极与科研院所合作研发高端玩具机器人产品。

(a) 智能机器狗玩具

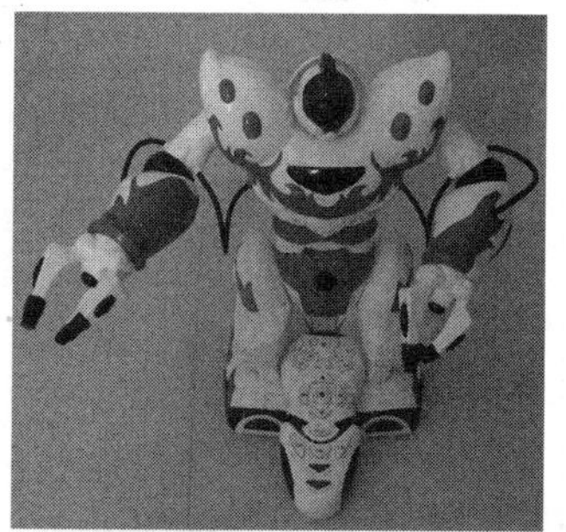

(b) 遥控智能机器人玩具

图 4-5　智能机器人玩具

1. 造型概念

机器人玩具不但要具有智能化、互动式的独特功能，而且在外型设计上更需要有创新和个性，这样才能更好地把其科技感、时代感的内涵通过外型载体传达给使用者，从而受到消费者的青睐。因此，在外型设计上应该首先把握机器人外型的整体概念和造型定位，比如粗壮、硬朗、犀利、冷酷、怪异、新奇、流畅、圆润、柔美、精致、俊俏、简洁、质朴、活泼、可爱等风格，如图 4-6 所示。当然，这种定位需要结合其功能以及所针对的使用者综合考虑。如果针对 3～8 岁儿童设计的互动式教育机器人玩具，可以选择简约、活泼、可爱的造型风格；如果是针对动漫发烧友设计的机器人玩具，又可以选择犀利、冷酷、怪异、新奇等造型风格；如果是针对女性使用者设计的机器人玩具，则可以选择可爱、圆润、精致、俊俏等造型风格。

只有把握好机器人玩具的造型概念，我们才能从各种素材中准确地选取造型元素，通过艺术化、创新性的设计方法设计出机器人玩具的具体外观形态和结构。

(a) 冷酷、怪异风格　(b) 粗壮、刚强风格　(c) 简洁、粗犷风格

(d) 圆润、柔美风格　(e) 简洁、质朴风格　(f) 简单几何化风格

(g) 简洁、圆润、可爱风格　(h) 冷酷、犀利风格

图 4-6　不同造型风格的机器人玩具

2. 形态与结构

从“机器人”这个称谓我们知道，机器人的外观应该同时具有人(或生物)和机器的特征，因此在其形态设计上我们可以采用“机器仿生化”或者“生物机械化”的设计方法。如图 4-7 所示，给一台手机设计出五官或四肢，给它赋予人的神态，这样可以设计出“手机变形金刚”；又如图 4-8 所示，将一只小狗的外型设计成钢铁质感，对其五官、躯干和四肢进行抽象化设计，身体各部位的连接采用机械连接结构(比如铰链结构)，这样就设计出机器狗玩具。因此，我们可以从各种工业产品以及各种生物中获取灵感和素材，并把生物与机器的特征进行有机地融合，设计出形神兼备的“机器人”。

图 4-7　手机变形金刚

图 4-8　机器狗

在设计机器人玩具时还应注意其外型与功能结构的协调统一，外型既要体现风格特色，又要满足功能结构的要求。例如，要设计出具有运动自由度的铰链、连杆、滑杆、球连接等结构，保证实现机器人玩具的运动功能；外型及其尺寸要保证内部电路、电机和其他机构的正常安装，保证内外结构的合理装配。

3. 色彩系列化设计

系列化设计方法是对产品和品牌进行延伸和深化设计的重要方法，它在保持统一风格和主题内涵的基础上对产品色彩、形状、装饰、局部结构和功能进行变换更新，以组合出整套系列化的产品，从而扩展产品内涵的广度和深度，塑造品牌化产品。对于玩具产品(包括机器人玩具)，我们常常采用色彩系列化的方法进行玩具产品的延伸和深化设计，以增强玩具的品牌感和市场适应性。玩具产品色彩系列化常用方法有下面几种：

(1) 对于造型相同的玩具产品，可以对其色彩进行系列化设计，如图 4-9 所示；

(2) 对于同一类型产品，不同部位用不同色彩分割，以色彩区分模块，体现玩具产品的组合性；

(3) 不同种类、不同型号的玩具产品采用同一类色彩进行统一，形成具有相同色调的系列产品。

图 4-9　造型相同的玩具产品色彩系列化

## 4.3 常用玩具产品计算机辅助设计软件

随着计算机辅助设计(CAD)技术的发展和普及，在玩具造型设计过程中，各种造型CAD软件系统也被越来越多的玩具设计人员所使用。由于造型CAD软件系统效率高，易于修改，效果逼真，现已逐渐成为一种主要的玩具设计工具和手段。如今国内外造型CAD软件有很多，而玩具行业常用的平面造型设计软件有Photoshop、CorelDraw、Illustrator、Painter，常用的三维造型设计软件有3ds Max、Maya、SolidWorks、Rhino、Pro/ENGINEER、UG、Alias、Solid-Edge、Inventor等。下面介绍几款常用的二维和三维计算机辅助设计软件的功能。

1. Photoshop 软件

Photoshop 软件被誉为最强大的二维位图图像处理软件之一，具有十分强大的图像绘制和处理功能，不仅可以绘制出高品质的精美效果图，还可以与其他三维设计软件(如3ds Max、SolidWorks等)配合使用，将其他软件输出的玩具三维模型效果图进行后期处理，形成完美的平面效果图，图4-10为Photoshop软件操作界面。Photoshop软件已成为玩具设计人员的必备工具。

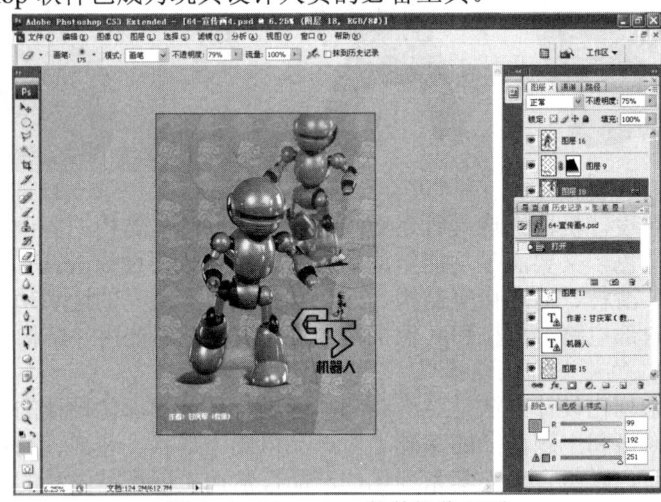


图 4-10　Photoshop 软件操作界面

Photoshop 软件的具体功能特点如下：

(1) 支持多种图像格式以及色彩模式，可以实现各种图像模式之间的转换，还可以任意调整图像的尺寸分辨率及画布的大小。

(2) 提供了强大的选取图像范围的功能，利用矩形、椭圆面罩和套索工具，可以选取一个或多个不同尺寸、形状的选取范围。磁性套索、魔棒或“颜色范围”工具可以快速选择所要部分。

(3) Photoshop 可以对图像进行任意旋转和变形，对图像进行拉伸、倾斜、扭曲和制造透视效果。

(4) Photoshop 可以对图像进行色调和色彩的调整，使用“色彩平衡”、“色阶”、“曲线”命令能达到传统的绘画技巧难以达到的效果。

(5) 通过画笔、铅笔、直线、渐变、加深、减淡、海绵、图章、模糊、锐化、涂抹工具可以绘制任何效果的图形。

(6) Photoshop 具有完善的图层、通道和蒙版功能，可以实现各种材质效果和对选区、色彩的存储和运算。

(7) Photoshop 具有最奇妙绚丽的滤镜功能，能将许多光怪陆离的视觉效果迅速展现出来。

4.3 常用玩具产品计算机辅助设计软件

2. CorelDraw

CorelDraw 是当今最出色的二维矢量绘图软件之一，它具有强大的矢量绘图、文本输入和出图功能。该软件操作界面简洁，如图 4-11 所示，图片输出不受尺寸限制，能给设计者提供更加广阔的想象空间和缤纷多彩的创意，已经成为许多玩具设计师进行图形原创设计的“法宝”。但 CorelDraw 软件的位图处理能力不及 Photoshop 软件，因此很少被用于处理三维模型效果图片。

图 4-11 CorelDraw 软件操作界面

CorelDraw 软件的具体功能特点如下：

(1) CorelDraw 用几何算法来记录视觉色彩信息，因此文件少，处理速度快，无限放大后不会像位图软件一样出现模糊的情况。

(2) CorelDraw 具有全面、强大的矢量图形制作和处理功能。利用它的调和效果、轮廓化效果、变形效果、封套效果、立体效果、阴影效果，透明效果、透镜效果、透视效果，能够创建从简单的图案到需求很高的绘画技法的美术设计作品，所创作的图形精美而富有创意。

(3) CorelDraw 具有强大的文字编辑功能。其首字下沉、首行缩进、字间距、行间距、不同语言间距、段前与段后、上标与下标、制表符、延路径排放、置入图形内、文本绕图等功能，可使输入的文本随心所欲地变换。

(4) CorelDraw 具有强大的导入和导出功能，具有极强的兼容性，可以进行影视广告、产品造型、海报招贴、宣传手册、图文报表等制作，支持网页发布功能，可以将编辑好的图形发布为 HTML 或 PDF 超文档格式。

(5) CorelDraw 还专门为色彩中心提供了一个强大的色彩管理系统，用于扫描、显示和输出三个环节，获得一致、可靠的效果，并可以从一种设备正确地传输到另一种设备。

3. SolidWorks 软件

SolidWorks 软件是当今较为流行的参数化三维 CAD 软件系统，广泛应用于玩具、家电、机械、模具等行业。它不但具有强大而简便的实体三维建模功能，而且还具有零件装配、模具制造、钣金加工、数控编程、工程出图、渲染效果图、机械动力学仿真模拟、逆向工程等多个模块，可以实现由三维造型到生产工程的一体化设计过程，图 4-12 所示为 SolidWorks 软件操作界面。SolidWorks 强大的工程辅助设计功能使得它成为玩具设计师们的得力助手。

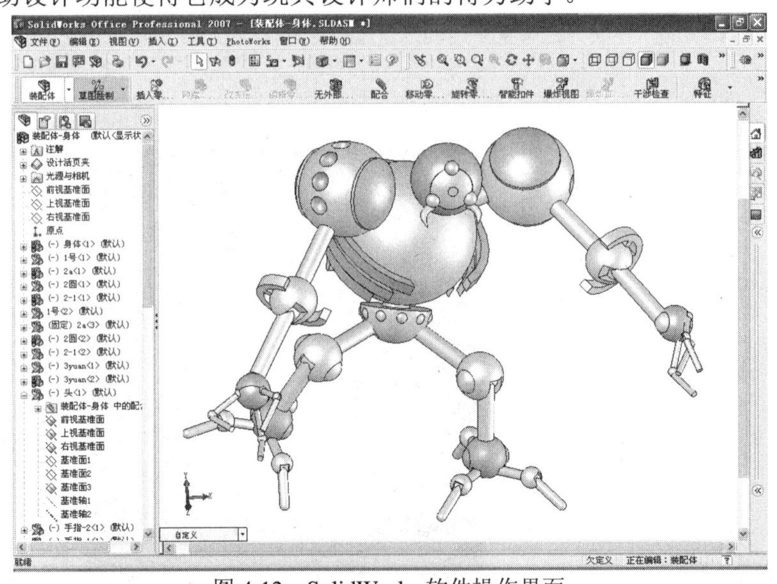

图 4-12　SolidWorks 软件操作界面

SolidWorks 软件的具体功能特点如下：

(1) SolidWorks 具有基于特征的参数化和尺寸驱动建模方式，主要通过输入和修改尺寸参数的值来建立和改变模型的尺寸、形状和相关属性，只要改变某一特征尺寸参数就会改变与它相关联的特征尺寸参数，这使建模更加程序化和自动化。

(2) SolidWorks 具备逆向建模功能，它能够将一些产品实物的三维扫描数据导入并生成三维实体模型，再在此基础上进行改进和创新，完成新的产品三维造型设计，从而实现了产品从模仿到创新的设计模式。

(3) 在效果图渲染方面，SolidWorks 可以获得真实、细腻的照片级渲染效果图，可以和 3ds Max 软件相媲美，保证实际产品与设计产品在外观造型和材质上的一致性。

(4) SolidWorks 通过施加约束与配合关系，实现复杂零件和机构的装配设计，并可进行装配件的剖切、干涉检查、模具检查、机构运动仿真、数控加工仿真等。

(5) SolidWorks 可将三维的几何数据自动生成二维工程图，实现二维与三维关联绘图，为产品的设计到加工制造提供了最大的便利。

(6) 在加工制造方面，SolidWorks 可以根据已建立的产品三维数据模型来生成相关的模具、钣金和数控加工工件，并且能够对相关的工件进行分析检查和优化设计，以保证生产过程的工艺要求和产品质量。

(7) 在优化设计方面，SolidWorks 能够进行有限元分析和优化设计，实现对复杂设计的分析和验证，保证产品设计的最佳方案。

4.3 常用玩具产品计算机辅助设计软件

4. 3ds Max 软件

3ds Max 是一款功能强大的三维造型 CAD 软件，它具有丰富的造型工具、材料设置、动画工具以及强大的渲染性能，并且整合了许多优秀的插件，已广泛应用于产品设计、建筑环境设计、影视动画设计、网络游戏设计等领域，成为三维造型设计软件中的“王牌”。图 4-13 为 3ds Max 软件操作界面。

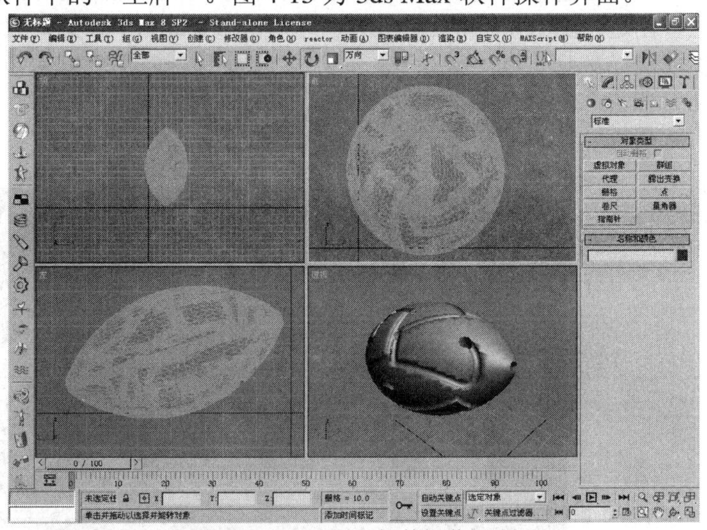


图 4-13　3ds Max 软件操作界面

3ds Max 软件的具体功能特点如下：

(1) 具有强大的运算能力，建模与渲染速度快，多边形建模和 NURBS 曲面建模方式以及网格平滑功能让三维造型更加简便并富有流线感。

(2) 材质插件中具有丰富的材质，其中包括无数量限制的纹理贴图，实现了对材质的无限调节手段，并且升级的 DirectX 和 CG Shedders 显示支持技术让设计者能够实时观看光泽贴图，这让物体的材质效果更加逼真现实。

(3) 具备高品质的渲染技术，它集成了光线追踪渲染技术和命令行渲染技术，为用户提供了强有力的渲染手段，能够设定渲染图像分辨率、反锯齿、超级采样、光线追踪参数、环境设定、文件输出控制、层和网络渲染等数据。它的无限制分布式网络渲染功能，可以把一个图像的各个部分分解到网络上进行渲染，这对于大型图形格式和大幅面图像来说是理想的选择。

(4) 3ds Max 的 Reactor 2 提供了基于关键帧和动态仿真对象的全交互式动画设计手段，包括新的虚拟替身动力学和快速而精确的传递模拟解算器，这保证了各种演示动画效果设计的逼真性和精确性。

(5) 在 3ds Max 的动画层里可以快速、简便地创建动画，其 Hair 和 Cloth 插件使得完成毛发或毛绒类的产品更加方便。

在玩具设计中，3ds Max 为玩具的三维造型设计提供了最广阔的创意想象空间和最逼真的视觉艺术效果。它能够轻易地完成各种玩具产品的造型设计，输出精美的玩具产品效果图，并制作逼真的玩具产品演示动画，这一点是许多三维造型软件所不及的。虽然 3ds Max 有着极强的多边形建模和 NURBS 曲面建模能力，但由于精确性不够而无法标注尺寸，不能很好地指导生产装配，因而想要实现玩具造型从设计到生产的一体化设计，还需将它和其他三维建模工程软件配合使用。

5. Freeform 触觉式自由造型系统

Freeform 触觉式自由造型系统是一种先进的三维建模系统，它完全摆脱了传统的鼠标建模方式，利用力反馈系统硬件技术与其强大的曲面自由造型软件系统，使计算机建模如同手工建模一般具有逼真的触感，如图 4-14 所示。设计者无需掌握过多的三维建模理论，只要有良好的空间思维能力，就能充分发挥自己的无限创意，创造出随心所欲的各种造型。因此，Freeform 触觉式自由造型系统广泛应用于动漫、玩具、汽车等工业产品的设计领域。该系统较为昂贵，目前在我国尚未完全普及，但在香港、台湾和珠三角地区，Freeform 触觉式自由造型系统已经成为玩具设计技术的新趋势。

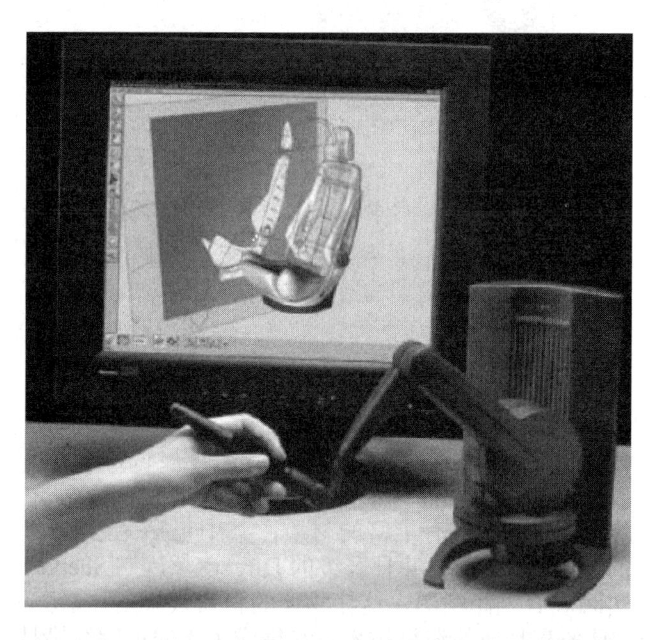

图 4-14　Freeform 触觉式自由造型系统及其玩具建模效果图

4.4 快速成型技术

1. 快速成型的基本原理

快速成型技术(RP)是基于成型材料离散-叠加原理而实现快速加工原始模型或零件的现代制造技术，其成型过程如图 4-15 所示。首先建立目标件的三维计算机辅助设计(CAD 3D)模型，然后对该实体模型在计算机内进行模拟切片分层，沿同一方向(比如 Z 轴)将 CAD 实体模型离散为一片片很薄的平行平面(即快速成型前处理)，再把这些薄平面的数据信息传输给快速成型系统中的工作执行部件(即快速成型数据导入)，将控制成型系统所用的成型原材料有规律地一层层复现原来的薄平面，并层层堆积形成实际的三维实体，最后经过处理成为实际零件，并可拼装成模型样品，如图 4-16 所示。

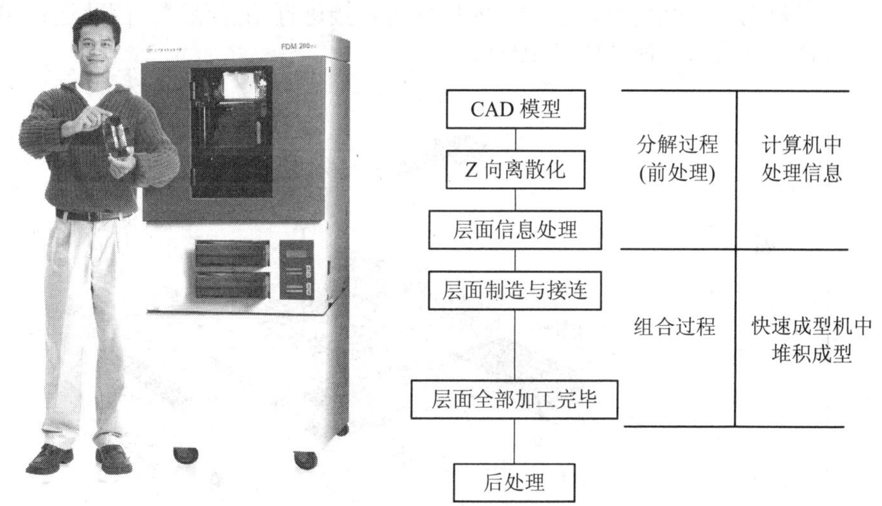


图 4-15 快速成型机系统及其原理图

图 4-16 FDM 快速成型机制作的原始模型

由于快速成型技术不需要模具，并且可以直接将三维数据导入快速成型设备进行加工，减少了从图纸到实物模型的时间消耗，因而往往应用于玩具等产品的开发设计阶段，作为检验产品外观和功能结构设计的重要手段。虽然目前快速成型设备及耗材价格不菲，但随着该技术的不断成熟和完善，越来越多的国内企业意识到快速成型技术对于产品开发的重要性，因此快速成型设备将很快普及到玩具及相关制造企业当中。

| 4.4 快速成型技术 | 2. 快速成型技术分类<br>目前快速成型技术(RP)可以按成型工艺方法划分为下面几大类型：<br>(1) 利用激光或其他光源成型工艺的成型原理，如图 4-17 所示，包括光固化快速成型(简称 SLA)、叠层实体造型(简称 LDM)、选择性激光烧结(简称 SLS)、形状层积技术(简称 SDM)。此种成型技术的成型精度较高，速度快，但成型材料较脆，受环境湿度和温度影响大，容易变形，制作出样件后常常需要进行其他材料的复模，因此运行成本较高，可用于制作表面精度要求高的样件。<br>(2) 利用原材料喷射工艺的成型，如图 4-18 所示，包括熔融层积技术(简称 FDM) 和三维印刷技术(简称 3DP)。此种快速成型技术的成型精度相对较低，但材料韧性和强度高，制作出的样件可直接进行功能测试，因此运行和维护成本较低，常常用于制作较大型样件。 |
|---|---|

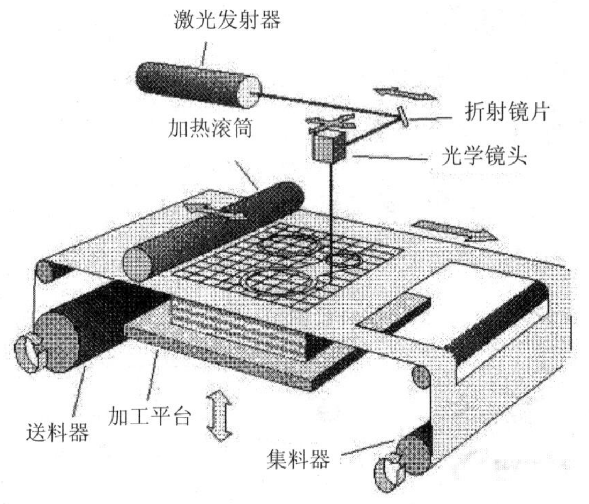


图 4-17　激光或其他光源成型工艺的成型原理

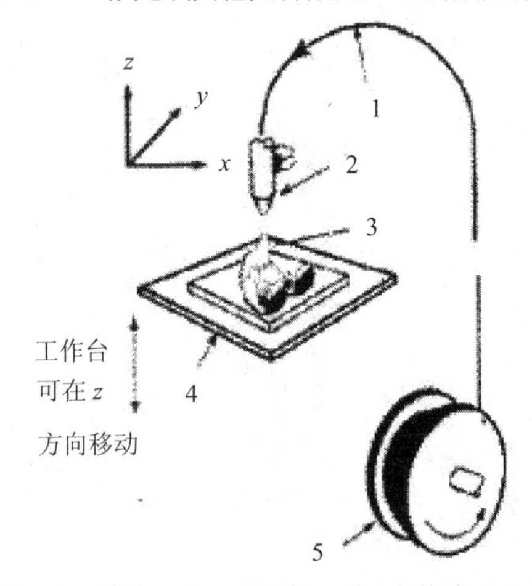


1—成型材料；2—喷头；3—成型板；4—工作台；5—送料机构

图 4-18　原材料喷射工艺的成型原理

(3) 其他成型工艺还有树脂热固化成型(LTP)、实体掩模成型(SGC)、弹射颗粒成型(BFM)、空间成型(SF)、实体薄片成型(SFP)，由于玩具产品中使用较少，这里不作详细介绍。

4. 快速成型后处理工艺

快速成型后的样件一般还必须进行下面几项的工艺处理：

(1) 去支撑：将样件中的支撑材料通过物理切除、化学药剂或热水加温等方式进行剥离；

(2) 打磨：用水砂纸、电磨等打磨工具将样件的表面打磨光滑，如图 4-19 所示；

(3) 复模：由于快速成型样件一般采用 ABS 塑料或较脆的树脂材料，因此当对样件的机械强度、透明度或者柔韧度有一定要求时，必须利用快速成型样件制作硅胶模具，并利用硅胶模具复制出不同材料特性的样件，具体步骤可参考学习情境 3 之案例 2；

(4) 喷底灰：用喷枪给快速成型样件或复模样件喷涂底灰，以检查模型表面光洁度和增强模型着色性能，如图 4-20 所示；

(5) 喷漆上色：用手喷漆、气泵和喷笔等工具给快速成型样件或复模样件喷涂各种色彩的油漆，如图 4-21 所示。

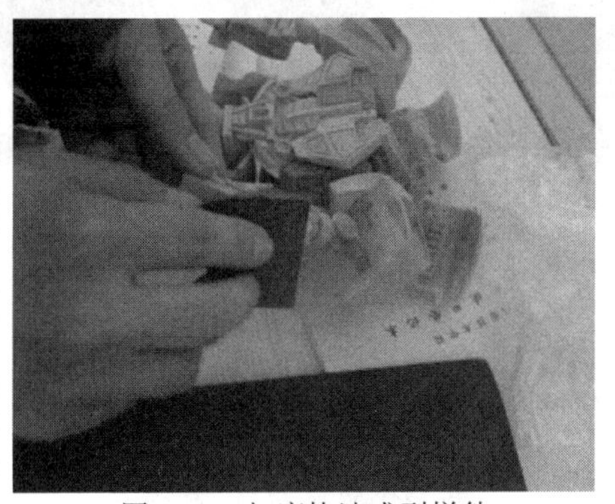

图 4-19　打磨快速成型样件

图 4-20　给快速成型样件喷底灰

图 4-21　给快速成型样件喷漆

## 四、工作(项目)案例单

| 专业学习领域 | 玩具外型设计与制作 | 总学时 | 112 |
| --- | --- | --- | --- |
| 学习情境 4 | 机器人塑胶玩具外型设计与制作 | 学时 | 28 |

**案例 1 机器人塑胶玩具外型设计方案**

1. 设计要求

设计一款适合青少年的机器人玩具，要求外型个性化，有创意，有主题，色彩设计系列化，容易被消费者认可。

2. 调研资讯

图 4-22～图 4-24 为素材图片资料。

图 4-22　海盗船

图 4-23　海盗武器

图 4-24　卡通海盗造型

案例1 机器人塑胶玩具外型设计方案

3. 概念主题

卡通、可爱造型的海盗机器人，具有智能互动和网络学习功能。

4. 草图构思

图 4-25 和图 4-26 分别为海盗机器人构思线稿草图和色彩草图。

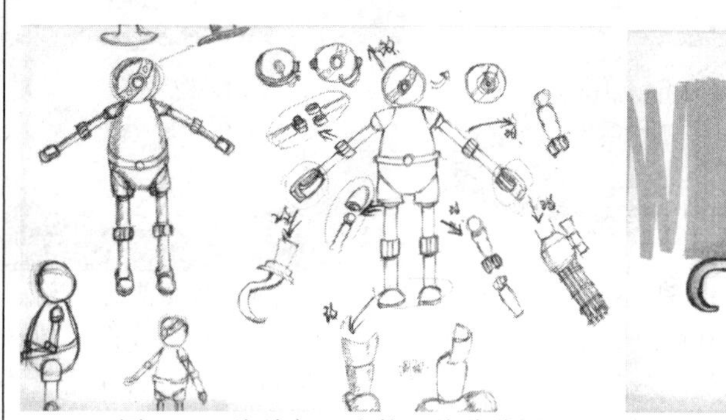

图 4-25　海盗机器人构思线稿草图

图 4-26　海盗机器人构思色彩草图

5. CAD 效果图

海盗机器人构思 CAD 效果图如图 4-27 所示。

图 4-27　海盗机器人构思 CAD 效果图

6. 设计说明

该机器人玩具具有智能对话和网络学习功能。机器人造型灵感来源于深受广大青少年喜爱的科幻电影《加勒比海盗》，以海盗船为主题，采用海盗船长为造型素材，将身体部位进行机械结构设计使其更具科技感，卡通化和简约化的设计不但弱化了海盗船长的恶人形象，而且增添了几分可爱的特点。该机器人造型还采用色彩系列化的设计方法，使其造型更加丰富、多样化，将会受到青少年朋友的喜爱。

要运用快速成型机 FDM 200mc 把设计好的三维模型制作出实物模型，首先要进行快速成型的数据前处理，如图 4-28 所示。下面以案例 1 中海盗机器人三维模型的“帽子”零件为例，进行快速成型数据前处理示范。

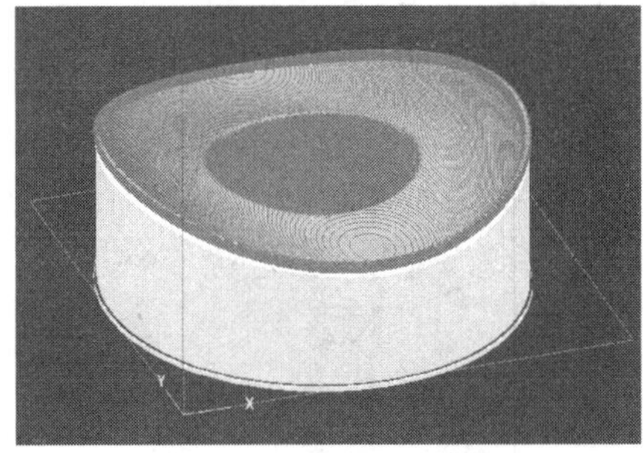

图 4-28　海盗机器人的“帽子”零件模型与其快速成型前处理数据

(1) 在 SolidWorks(或其他三维设计软件)中将“帽子”零件三维模型数据另存为“stl”数据格式，如图 4-29 所示，注意文件的名称和保存路径不能含有汉字，否则不能在前处理软件中打开；

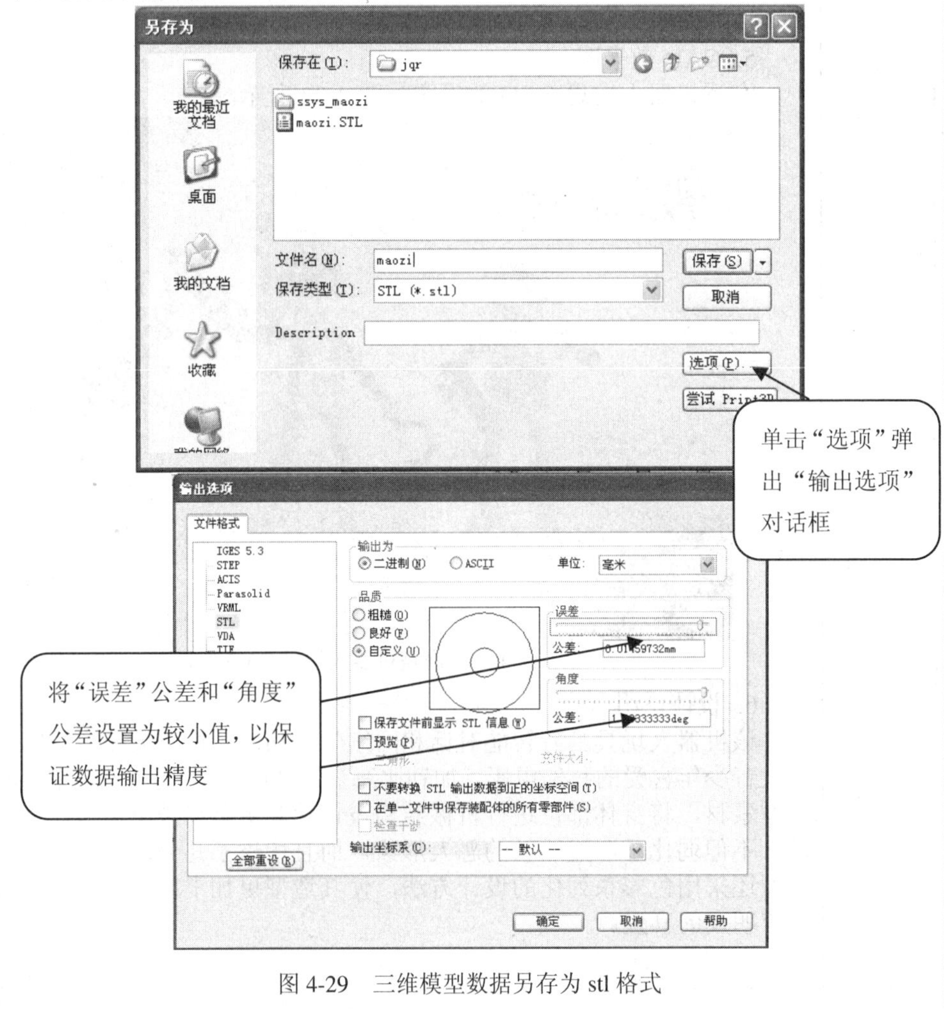


图 4-29　三维模型数据另存为 stl 格式

(2) 在快速成型机 FDM 200mc 的前处理软件“Insight”中打开“maozi.stl”文件，如图 4-30 所示；

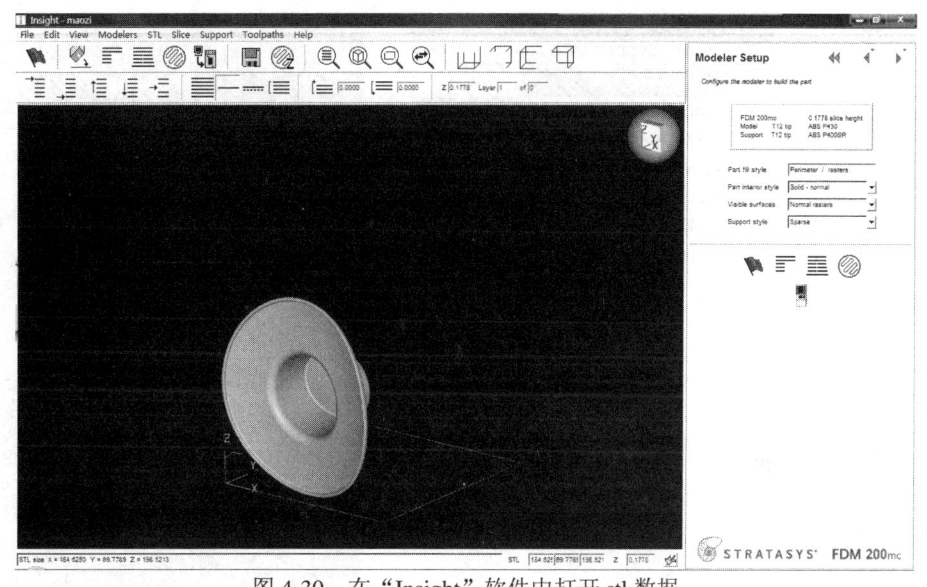


图 4-30　在“Insight”软件中打开 stl 数据

(3) 单击界面右边的“机器参数设置”按钮，在弹出的面板中设置如图 4-31 所示的参数；

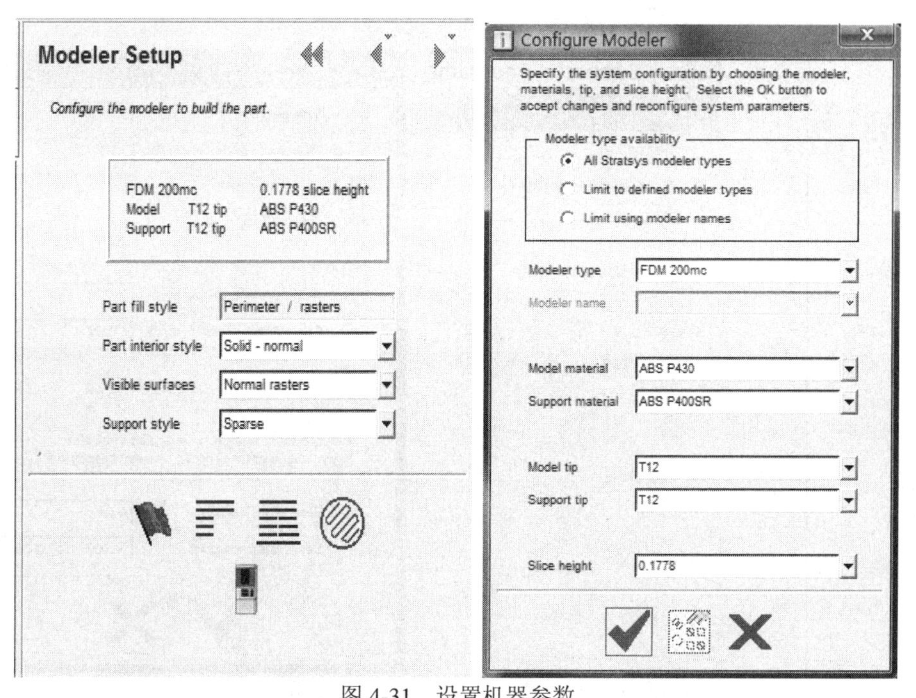


图 4-31　设置机器参数

(4) 选择“STL/Orient by selected facet/Bottom”命令，然后通过按下鼠标中键旋转视图，再单击帽子模型的顶部，将其倒置于成型空间中，如图 4-32 所示；

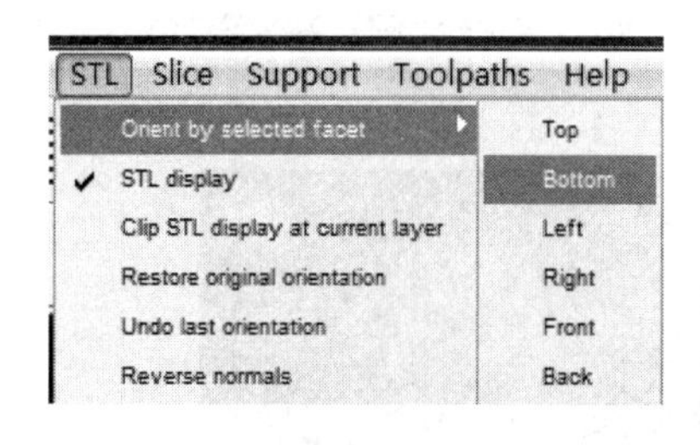


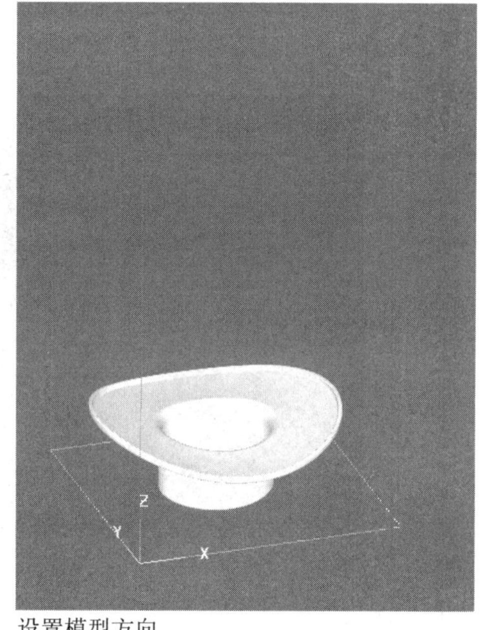


图 4-32　设置模型方向

(5) 选择“Slice/Setup…”命令，在界面右侧的面板中单击“分层参数”按钮，在弹出的面板中设置如图 4-33 所示的参数；

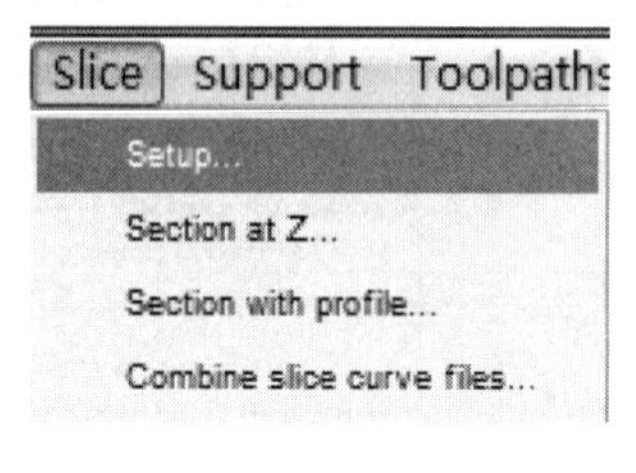


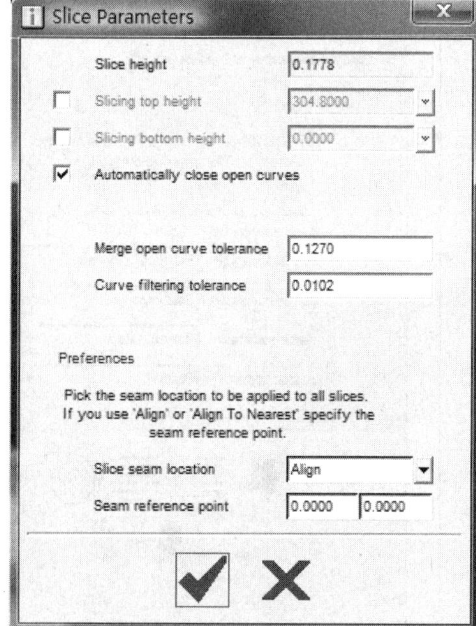


图 4-33　设置分层参数

(6) 选择“Support/Setup…”命令，在界面右侧的面板中单击“支撑参数”按钮，在弹出的面板中设置如图4-34所示的参数；

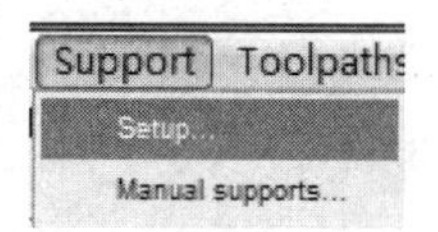


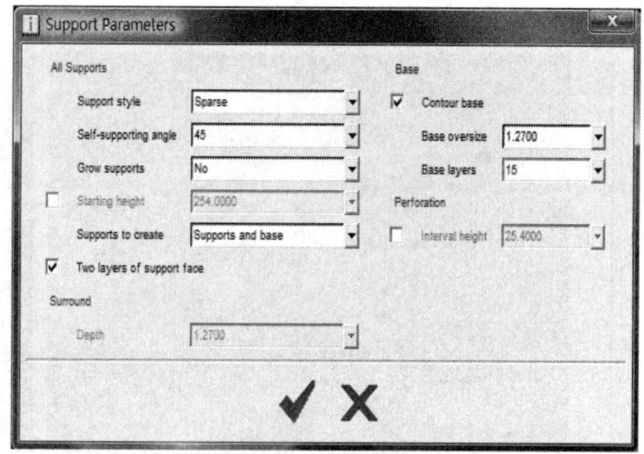


图4-34　设置支撑参数

(7) 选择“Toolpaths/Setup…”命令，在界面右侧的面板中单击“喷头路径参数”按钮，在弹出的面板中设置如图4-35所示的参数；

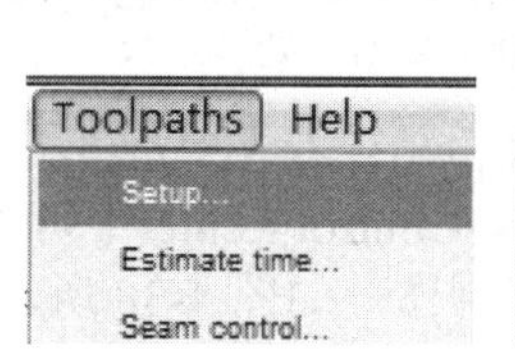


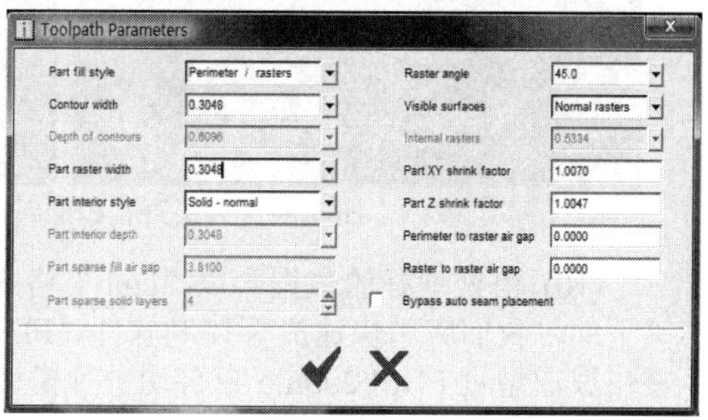


图4-35　设置喷头路径参数

(8) 单击界面工具栏左上角的“前处理”按钮，让计算机根据前面所设置的参数自动进行前处理运算，如图4-36所示；

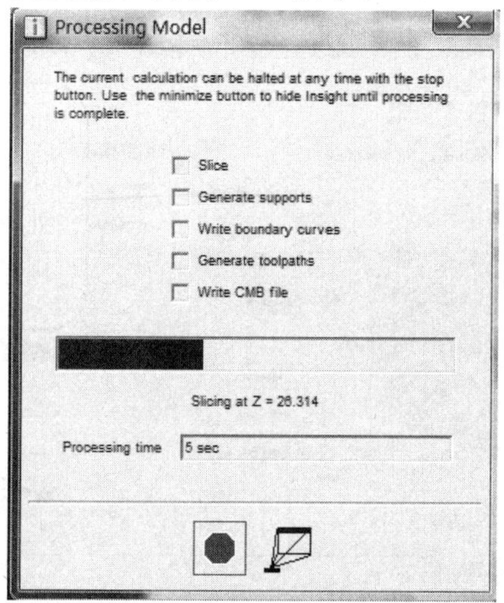


图4-36　Insight软件自动进行前处理运算

(9) 前处理运算完成后，可以用工具栏上的一或☰按钮来查看结果，如图4-37所示；

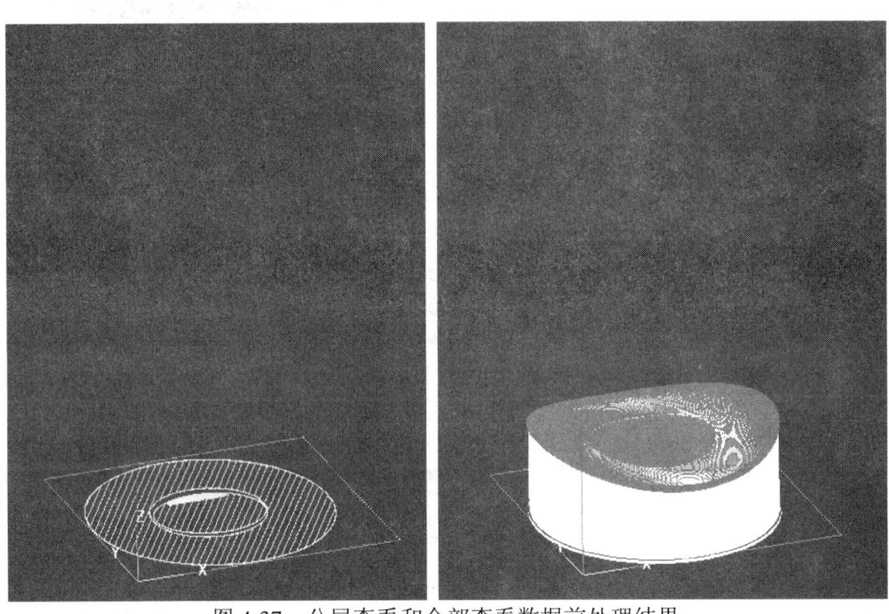

图4-37 分层查看和全部查看数据前处理结果

(10) 前处理好的数据会以“cmb”格式自动保存在“maozi.stl”的同一文件夹下面，我们应用快速成型控制软件“FDM Control Center”可以把它导入，并在快速成型机FDM 200mc中自动进行模型制作，如图4-38所示。

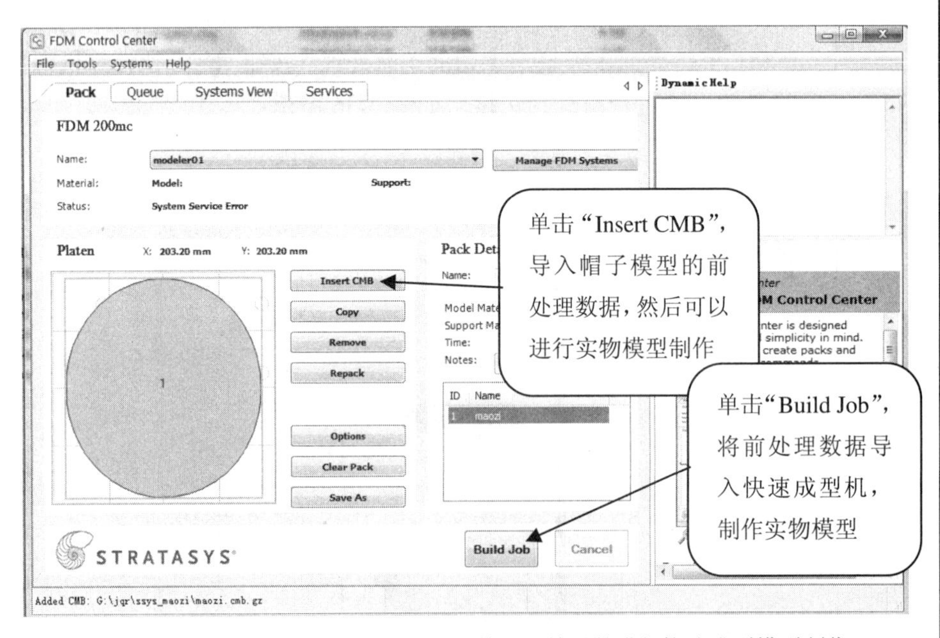


图4-38 应用FDM Control Center导入前处理结果并进行快速成型模型制作

## 五、工作(项目)练习单

| 专业学习领域 | 玩具外型设计与制作 | | 总学时 | 112 |
|---|---|---|---|---|
| 学习情境 4 | 机器人塑胶玩具外型设计与制作 | | 学时 | 28 |
| 序号 | 练 习 内 容 | 评分 | 评审签名 | 日期 |
| 1 | 机器人玩具外型设计草图训练 | | | |
| 2 | 机器人玩具外观曲面建模训练 | | | |
| 3 | 机器人玩具零部件快速成型前处理训练 | | | |
| | | | | |
| | | | | |
| | | | | |
| | | | | |
| | | | | |
| | | | | |
| | | | | |
| | | | | |
| | | | | |
| | | | | |

## 六、工作(项目)计划单

<table>
<tr><td colspan="2">专业学习领域</td><td colspan="2">玩具外型设计与制作</td><td>总学时</td><td>112</td></tr>
<tr><td colspan="2">学习情境 4</td><td colspan="2">机器人塑胶玩具外型设计与制作</td><td>学时</td><td>28</td></tr>
<tr><td>序号</td><td colspan="2">工作流程(步骤)</td><td>预计时间</td><td>工作环境</td><td>使用资源</td></tr>
<tr><td>1</td><td colspan="2"></td><td></td><td></td><td></td></tr>
<tr><td>2</td><td colspan="2"></td><td></td><td></td><td></td></tr>
<tr><td>3</td><td colspan="2"></td><td></td><td></td><td></td></tr>
<tr><td>4</td><td colspan="2"></td><td></td><td></td><td></td></tr>
<tr><td>5</td><td colspan="2"></td><td></td><td></td><td></td></tr>
<tr><td>6</td><td colspan="2"></td><td></td><td></td><td></td></tr>
<tr><td rowspan="3">计划评价</td><td>班　级</td><td></td><td>第　组</td><td>组长签名</td><td></td></tr>
<tr><td>教师签名</td><td colspan="2"></td><td>日　期</td><td></td></tr>
<tr><td colspan="5">评语：</td></tr>
</table>

## 七、工作(项目)任务分配单

<table>
<tr><td colspan="2">专业学习领域</td><td colspan="2">玩具外型设计与制作</td><td>总学时</td><td>112</td></tr>
<tr><td colspan="2">学习情境4</td><td colspan="2">机器人塑胶玩具外型设计与制作</td><td>学时</td><td>28</td></tr>
<tr><td>姓　名</td><td>班 级</td><td>学　号</td><td colspan="2">任 务 分 配</td><td>备注</td></tr>
<tr><td></td><td></td><td></td><td colspan="2"></td><td></td></tr>
<tr><td></td><td></td><td></td><td colspan="2"></td><td></td></tr>
<tr><td></td><td></td><td></td><td colspan="2"></td><td></td></tr>
<tr><td></td><td></td><td></td><td colspan="2"></td><td></td></tr>
<tr><td></td><td></td><td></td><td colspan="2"></td><td></td></tr>
<tr><td></td><td></td><td></td><td colspan="2"></td><td></td></tr>
<tr><td colspan="6">任务分配说明：</td></tr>
<tr><td colspan="2">班　　级</td><td></td><td>第　组</td><td>组长签名</td><td></td></tr>
<tr><td colspan="2">教师签名</td><td colspan="2"></td><td>日　　期</td><td></td></tr>
</table>

## 八、工作(项目)决策单

<table>
<tr><td>专业学习领域</td><td colspan="5">玩具外型设计与制作</td><td>总学时</td><td>112</td></tr>
<tr><td>学习情境 4</td><td colspan="5">机器人塑胶玩具外型设计与制作</td><td>学时</td><td>28</td></tr>
<tr><td colspan="8">方案对比评价</td></tr>
<tr><td>评价要素<br>草案名称</td><td>消费对象</td><td>造型风格</td><td>素材</td><td>形态</td><td>连接结构</td><td>色彩效果</td><td>综合评价</td></tr>
<tr><td></td><td></td><td></td><td></td><td></td><td></td><td></td><td></td></tr>
<tr><td></td><td></td><td></td><td></td><td></td><td></td><td></td><td></td></tr>
<tr><td></td><td></td><td></td><td></td><td></td><td></td><td></td><td></td></tr>
<tr><td colspan="8">方案修改意见</td></tr>
<tr><td colspan="8">方案修改说明：</td></tr>
<tr><td colspan="8">方案决策</td></tr>
<tr><td colspan="8">方案决策说明：</td></tr>
<tr><td>班　级</td><td></td><td>第　组</td><td>组长签名</td><td></td></tr>
<tr><td>教师签名</td><td colspan="2"></td><td>日　期</td><td></td></tr>
</table>

## 九、工作(项目)材料工具清单

<table>
<tr><td colspan="2">专业学习领域</td><td colspan="3">玩具外型设计与制作</td><td colspan="2">总学时</td><td>112</td></tr>
<tr><td colspan="2">学习情境 4</td><td colspan="3">机器人塑胶玩具外型设计与制作</td><td colspan="2">学时</td><td>28</td></tr>
<tr><td>项目</td><td>序号</td><td>名 称</td><td>型号(规格)</td><td>作 用</td><td>数量</td><td>使用前</td><td>使用后</td></tr>
<tr><td rowspan="5">所用设备仪器仪表</td><td>1</td><td></td><td></td><td></td><td></td><td></td><td></td></tr>
<tr><td>2</td><td></td><td></td><td></td><td></td><td></td><td></td></tr>
<tr><td>3</td><td></td><td></td><td></td><td></td><td></td><td></td></tr>
<tr><td>4</td><td></td><td></td><td></td><td></td><td></td><td></td></tr>
<tr><td>5</td><td></td><td></td><td></td><td></td><td></td><td></td></tr>
<tr><td rowspan="8">所用材料</td><td>1</td><td></td><td></td><td></td><td></td><td></td><td></td></tr>
<tr><td>2</td><td></td><td></td><td></td><td></td><td></td><td></td></tr>
<tr><td>3</td><td></td><td></td><td></td><td></td><td></td><td></td></tr>
<tr><td>4</td><td></td><td></td><td></td><td></td><td></td><td></td></tr>
<tr><td>5</td><td></td><td></td><td></td><td></td><td></td><td></td></tr>
<tr><td>6</td><td></td><td></td><td></td><td></td><td></td><td></td></tr>
<tr><td>7</td><td></td><td></td><td></td><td></td><td></td><td></td></tr>
<tr><td>8</td><td></td><td></td><td></td><td></td><td></td><td></td></tr>
<tr><td rowspan="9">所用工具</td><td>1</td><td></td><td></td><td></td><td></td><td></td><td></td></tr>
<tr><td>2</td><td></td><td></td><td></td><td></td><td></td><td></td></tr>
<tr><td>3</td><td></td><td></td><td></td><td></td><td></td><td></td></tr>
<tr><td>4</td><td></td><td></td><td></td><td></td><td></td><td></td></tr>
<tr><td>5</td><td></td><td></td><td></td><td></td><td></td><td></td></tr>
<tr><td>6</td><td></td><td></td><td></td><td></td><td></td><td></td></tr>
<tr><td>7</td><td></td><td></td><td></td><td></td><td></td><td></td></tr>
<tr><td>8</td><td></td><td></td><td></td><td></td><td></td><td></td></tr>
<tr><td>9</td><td></td><td></td><td></td><td></td><td></td><td></td></tr>
<tr><td colspan="2">班 级</td><td colspan="2"></td><td>第 组</td><td colspan="2">组长签名</td><td></td></tr>
<tr><td colspan="2">教师签名</td><td colspan="3"></td><td colspan="2">日 期</td><td></td></tr>
</table>

## 十、工作(项目)实施检查单

| 专业学习领域 | 玩具外型设计与制作 | 总学时 | 112 |
|---|---|---|---|
| 学习情境 4 | 机器人塑胶玩具外型设计与制作 | 学时 | 28 |

| 序号 | 工作流程 | 工作环境 | 预计所需时间 | 实际完成时间 | 工作过程中遇到的问题及解决方法 |
|---|---|---|---|---|---|
| | | | | | |
| | | | | | |
| | | | | | |
| | | | | | |
| | | | | | |
| | | | | | |
| | | | | | |

实施情况说明：

| 班　级 | | 第　组 | 组长签名 | |
|---|---|---|---|---|
| 教师签名 | | | 日　期 | |

# 十一、工作(项目)评价单

<table>
<tr><td colspan="2">专业学习领域</td><td colspan="2">玩具外型设计与制作</td><td>总学时</td><td colspan="2">112</td></tr>
<tr><td colspan="2">学习情境4</td><td colspan="2">机器人塑胶玩具外型设计与制作</td><td>学时</td><td colspan="2">28</td></tr>
<tr><td colspan="7">姓名：　　　　性别：　　　　班级：　　　　学号：</td></tr>
<tr><td colspan="3">评价项目</td><td>评分标准</td><td>自评分</td><td>小组评分</td><td>教师评分</td></tr>
<tr><td colspan="2" rowspan="3">工作成果评分(50分)</td><td>创意(10分)</td><td>创意新颖，造型活泼、有张力，符合环保安全以及工艺要求，具有市场前景。</td><td></td><td></td><td></td></tr>
<tr><td>设计草图及CAD效果图(20分)</td><td>草图数量多，表达快速、流畅、准确，画面富有一定艺术表现力，色彩搭配能突出主题，衬托形态特征，质感强，画面视觉冲击力强。</td><td></td><td></td><td></td></tr>
<tr><td>3D模型及样板(20分)</td><td>比例尺寸及结构合理，形态逼真，立体感强，符合功能和品质安全要求，制作精美。</td><td></td><td></td><td></td></tr>
<tr><td rowspan="12">工作过程与展示汇报能力评分(15分)</td><td rowspan="4">方法能力(5分)</td><td>信息资讯(1分)</td><td>善于查阅资料、搜集信息，归纳分析相关情况。</td><td></td><td></td><td></td></tr>
<tr><td>自主学习(1.5分)</td><td>主动学习新知识、新技术，具有良好学习能力。</td><td></td><td></td><td></td></tr>
<tr><td>勤学苦练(1.5分)</td><td>勤奋认真完成各项作业，课后能主动巩固练习。</td><td></td><td></td><td></td></tr>
<tr><td>总结反思(1分)</td><td>善于总结收获，反思经验教训</td><td></td><td></td><td></td></tr>
<tr><td rowspan="4">社会能力(5分)</td><td>交流沟通(1分)</td><td>善于与教师、同学交流经验。</td><td></td><td></td><td></td></tr>
<tr><td>言语表达(1分)</td><td>语言表达流利、准确。</td><td></td><td></td><td></td></tr>
<tr><td>团队协作(1.5分)</td><td>团队分工合理，能相互协作完成工作。</td><td></td><td></td><td></td></tr>
<tr><td>环保安全(1.5分)</td><td>具有良好的环保、卫生和安全意识，能正确、规范地操作仪器设备。</td><td></td><td></td><td></td></tr>
<tr><td rowspan="4">个人能力(5分)</td><td>自信(1分)</td><td>对学习充满信心，遇到困难不退缩，不气馁。</td><td></td><td></td><td></td></tr>
<tr><td>兴趣(1分)</td><td>能主动培养专业学习兴趣。</td><td></td><td></td><td></td></tr>
<tr><td>认真(1.5分)</td><td>做事认真，注重质量和效果。</td><td></td><td></td><td></td></tr>
<tr><td>创新(1.5分)</td><td>思维灵活，具有创新精神。</td><td></td><td></td><td></td></tr>
<tr><td colspan="3">纪律考勤评分(15分)</td><td>迟到1次扣2分，旷课1次扣5分，直到扣完该项分数为止。</td><td></td><td></td><td></td></tr>
<tr><td colspan="3">平时作业评分(20分)</td><td>平时作业按优、良、中、及格、差(或缺交)五个等级分别转换为百分制的95、85、75、65、0分，该项分数为所有平时作业的平均分。</td><td></td><td></td><td></td></tr>
<tr><td colspan="4">合　计</td><td></td><td></td><td></td></tr>
<tr><td colspan="4">总评=(教师评分×80%＋小组评分×10%＋自评分×10%)</td><td colspan="3"></td></tr>
<tr><td colspan="2">班　级</td><td></td><td>第　组</td><td>组长签名</td><td colspan="2"></td></tr>
<tr><td colspan="2">教师签名</td><td colspan="2"></td><td>日　期</td><td colspan="2"></td></tr>
</table>

# 参考文献

[1] 李珠志，卢飞跃，甘庆军. 玩具造型设计[M]. 北京：化学工业出版社，2007.
[2] 中国就业培训指导中心，中国玩具协会. 国家职业资格培训教程：玩具设计师(基础知识)[M]. 北京：中国劳动社会保障出版社.
[3] 美术学习高考网 http://www.msxk.com.
[4] 美术高考教育网 http://www.cqmjw.com.
[5] 可乐坊 http://www.crefun.com.
[6] stratasys 公司. FDM 200mc 快速成型系统使用手册.